国家中职示范校信息类专业
优质核心专业课程系列教材

西安技师学院国家中职示范校建设成果

WANGLUO XITONG JICHENG GONGCHENG SHISHI

U0303754

网络系统集成工程实施

◎ 主　　编　张喜锋
◎ 副主编　夏东盛
◎ 参　　编　李卫盟　李从强
◎ 主　　审　宋国亮

西安交通大学出版社

XI'AN JIAOTONG UNIVERSITY PRESS

内容提要

　　"网络系统集成工程实施"是示范校项目中"计算机应用与维修专业"的重点教材，是为适应高等职业教育改革需要而编写的，旨在加强对学生的综合技能的培养。

　　全书以工作过程导向的思路编写，以三个学习项目贯穿始终，由简单到复杂，从而有利于读者的学习。项目一是介绍办公室网络系统集成。项目二介绍学校网络系统集成。项目三介绍大型公司网络系统集成项目。

　　本书可作为网络系统集成行业的相关技术人员、有志于从事网络系统集成技术工作在校学生的指导书；也可作为各类培训班的教材；以及高等职业教育和中等职业教育计算机专业教材。

图书在版编目（CIP）数据

网络系统集成工程实施 / 张喜锋主编. —西安：西安交通
大学出版社，2015.6（2022.8重印）
　　ISBN 978-7-5605-7300-7

　　Ⅰ.①网⋯　Ⅱ.①张⋯　Ⅲ.①计算机网络—网络系统
Ⅳ.①TP393

中国版本图书馆 CIP 数据核字（2015）第096733号

书　　名	网络系统集成工程实施
主　　编	张喜锋
策划编辑	曹　昳
责任编辑	雷萧屹
责任校对	李　文
出版发行	西安交通大学出版社
	（西安市兴庆南路1号　邮政编码710048）
网　　址	http://www.xjtupress.com
电　　话	（029）82668357　82667874（市场营销中心）
	（029）82668315　（总编办）
传　　真	（029）82668280
印　　刷	西安日报社印务中心
开　　本	880mm×1230mm　1/16　印张 9.25　字数 196千字
版次印次	2015年8月第1版　　2022年8月第5次印刷
书　　号	ISBN 978-7-5605-7300-7
定　　价	32.60元

如发现印装质量问题，请与本社市场营销中心联系。
订购热线：（029）82665248　（029）82667874
投稿热线：（029）82668502
读者信箱：lg_book@163.com　　QQ：8377981

西安技师学院国家中职示范校建设项目

优质核心专业课程系列教材编委会

顾　问：雷宝岐　李西安　张春生

主　任：李长江

副主任：王德意　冯小平　曹　昳

委　员：田玉芳　吕国贤　袁红旗　贾　靖　姚永乐

　　　　郑　军*　孟小莉*　周常松*　赵安儒*　李丛强*

　　　　（注：标注有*的人员为企业专家）

《网络系统集成工程实施》编写组

主　编：张喜锋

副主编：夏东盛

参　编：李卫盟　李从强

主　审：宋国亮

P 前 言
reface

　　网络系统集成工程实施是研究计算机网络相关设备集成技术应用的一门科学技术。网络系统集成是和计算机网络的应用紧密联系的，计算机网络应用对人类社会的发展产生了极其广泛而深远的影响。在快节奏、高效率的今天，如何利用相关网络设备组建高效率的网络是很多企业、院校、公司的迫切要求。本书介绍了网络系统集成中一些常见的基本设备及其相关设备的操作。

　　本书共有三个项目组成：第一个项目介绍小型的办公室网络系统集成，主要介绍如何组建一个小型的局域网，包括基本的网络接头制作、服务器配置及小型路由器的简单应用等，重点介绍网络系统集成施工的流程；项目二介绍中型的校园网网络系统集成，包括综合布线的子系统的划分，交换机、路由器的基本配置等，重点介绍网络互连设备的配置；项目三介绍某公司大型网络系统集成，包括整个项目的网络规划、分析、设备选型、施工及验收等环节、重点介绍网络系统集成的规划、验收。

　　本课程作为一门实践性很强的课程，建议在学习完"综合布线"、"网络组建与应用"、"网络服务器配置"之后开设。本书可以作为计算机网络专业的教材或参考书，也可以作为网络工程师考试的参考书目，还可供有关工程技术人员参考使用。本教材以实际操作为主，理论学习为辅，始终贯彻以项目教学为核心的主导思想，坚持理论知识以够用为原则，在操作中学习理论，从而避免了单独学习理论那种枯燥的感觉，以此来提高学生学习的积极性。建议理论教学80学时，实践教学80学时。在教学时可根据各专业的实际情况进行适当取舍。

　　本书由张喜锋主编，并负责全书的修改、补充和统稿工作；夏东盛为副主编，李卫盟、李从强老师参与部分项目的编写工作；全书由宋国亮负责主审。各项目编写分工如下：项目一主要由李卫盟编写；项目二由李从强、张喜锋编写，其中李从强参与了项目二中施工设计的编写工作，其余由张喜锋负责编写；项目三主要由张喜锋编写，夏东盛主要负责本书项目的规划设计及宏观指导工作。此外在本书的策划过程中，也得到了姚永乐、王楠、胡可森等教师的大力支持，在此向他们的默默支持一并表示感谢。

　　限于编者水平，书中缺点错误在所难免，恳请广大读者提出宝贵意见，以便修改。作者的E-mail地址为：　seephone@163.com。

编　者

2015年3月

C目录
Contents

目 录 Contents

项目一

办公室网络系统集成

　　本项目通过对一个办公室进行互联网接入，包括综合布线设计，交换机、路由器配置，服务器配置等环节。通过本项目的实施，可以使学生初步掌握简单网络系统集成工程的实施流程和施工工具的使用、测试等环节，从而为后续有关网络系统集成项目的学习奠定基础。

表1-1　工程派工单

×××有限责任公司　　　　　　　　　　　　　　　　派工日期　　年　　月　　日

客户名称		所属项目	办公室网络系统集成
联系人		联系方式	
施工地点		派工时间	5天
工程主要任务： 1.办公室网络需求分析及设计。 2.布线、设备安装及调试。 3.系统验收及用户培训。 是否需要勘察现场：　　是			
备注：			
指派工程师	×××	项目经理	

1.1　任务描述

来了解一下任务吧！

　　现接到一项任务：某小型公司新成立，计划组建一个办公室，包括财务部、市场部、技术部三个部门，其中每个部门4台计算机，办公室面积约120平方米，规划放置计算机12台，服务器一台，以便实现公司的FTP、Web服务。该公司从网络服务提供商那里申请到一个公网IP地址200.10.1.1，掩码255.255.255.252，网关为200.10.1.2，公司希望所有主机都能够接入互联网，服务器能够在互联网上访问到，从而实现网络办公、邮件收发等业务；同时要求不同部门之间不能通过网上邻居互相访问，可通过IP地址的方式访问。现在要求对该办公室局域网进行规划、实施，并确保工程设计及施工符合相关国家标准。

注 意

在该项工程开始之前，首先明确该项目要实现的目标，然后向客户提出自己的专业意见，最后根据客户的具体要求进行分析设计、施工、验收等。在项目实施前一定要了解现场的实际情况，确定是否满足施工条件，以便最终顺利的完成任务。

1.2 背景知识储备

首先让我们去看看工作的环境及相关材料吧

图1-2　水晶头

图1-4　带水晶头的网线

图1-3　RJ45 插孔

图1-5　测线仪

图1-1　墙体打洞

图1-6　信息模块

图1-7　信息面板

图1-8　交换机

图1-9　路由器

1.从以上图片来看，你认为需要进行哪方面的知识储备？你认为通过哪些途径可以学习到以上知识？

_____

_____

_____

_____

2. 有关综合布线及局域网的国家标准你了解吗？如果不了解，请赶快查阅相关资料，这可是施工必须掌握的。

_____

_____

_____

_____

3.你对以上知识感兴趣吗？如果有兴趣，你打算如何学习它们？

_____

_____

_____

_____

综合布线及网络互连设备配置相关资料可以查阅以下书籍：

1.王磊.网络综合布线实训教程.北京：中国铁道出版社。

2.彭文华.网络组建与应用.北京：北京理工大学出版社。

1.3 任务分析

本项目是一个小型网络系统集成项目，涉及局域网的交换机、路由器配置，综合布线的规划、施工及测试，服务器的搭建等。首先，要对该项目进行整体规划。由于申请了一个公网地址，该地址作为路由器的出口IP地址，实现整个公司的互联网接入，同时用于实现网络地址转换。用一个固定的私网地址作为服务器地址。那其他主机如何实现互联网接入呢？配置私网地址，通过路由器的NAT（网络地址转换）方式接入互联网。当然，每一台主机可以配置固定地址，也可以通过DHCP（网络地址转换协议）方式实现网络地址的自动获取。对于服务器来说，把它看做一台普通的终端，重点是服务器的搭建。由于其他用户要访问服务器，所以服务器必须设为固定的私网地址。

1. 综合布线分析

对于项目中的综合布线部分，要确保施工符合国家标准，美观、整洁等。对于该项目的线缆，采用普通五类双绞线即可，房间面积不大，也不需要网络连接设备。在施工过程中，需注意水晶头的标号及制作，最后一定要测试，保证每一条线路畅通。

2. 服务器分析

对于项目中的FTP、Web服务器，由于公司不大，在其中一台机子上搭建即可，该主机最好安装Windows 2003 Server以上版本的服务器版操作系统。当然，在经济条件宽裕的情况下，也可以配置专门的服务器。

3. 交换机、路由器分析

对于项目中的交换机和路由器来说，由于要求同一个部门之间可以通过网上邻居互相访问，不同的部门之间不能互相访问，但可以通过IP地址方式互访。所以采用一个三层交换机比较方便，在上面划分虚拟局域网即可实现。在路由器上实现地址转换，以便将整个局域网接入互联网。

想一想 练一练

结合任务分析，如果通过DHCP方式实现IP地址自动获取，通过路由器如何实现？通过服务器如何实现？

_____

_____

_____

_____

1.4 任务实施

1.4.1 勘查现场

接到任务后，首先要到现场了解情况，确定交换机、路由器的摆放位置，所需线缆、管材的型号及数量等，为进一步绘制拓扑图及系统集成施工做准备工作。该项目的施工示意图如图1-10所示。

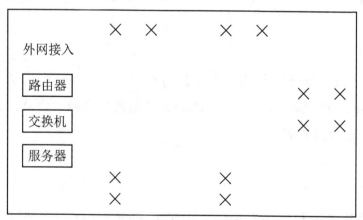

图 1-10 机房平面图

注：办公室大小15m×8m，×表示信息点位置。

1.4.2 绘制拓图

根据项目要求，绘制网络拓扑图，如图1-11所示。

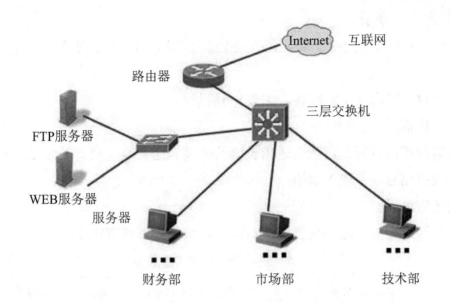

图1-11 网络拓扑图

1.4.3 网络规划

表1-2 IP地址规划

IP网段	网关	VLAN ID	VLAN 说明	交换机接口
192.168.1.0/24	192.168.1.1	11	部门1	三层：F0/1-4
192.168.2.0/24	192.168.2.1	12	部门2	三层：F0/5-8
192.168.3.0/24	192.168.3.1	13	部门3	三层：F0/9-12
192.168.10.0/24	192.168.10.1	20	服务器	三层：F0/23
10.10.1.0/30	10.10.1.1		接路由器	三层：F0/24
200.10.1.0/30	200.10.1.1		接互联网	路由器F0/0
10.1.1.0/30	10.1.1.2		接三层交换机	路由器F0/1

表1-3 服务器IP规划

服务器名称	服务器IP地址	服务器网关	所属VLAN	备注
WEB服务器	192.168.10.10	192.168.10.1	20	
FTP服务器	192.168.10.20	192.168.10.1	20	

1.4.4 综合布线施工

根据拓扑图和机房平面图，对网络互连设备、服务器、信息点位置进行施工。其中施工的步骤如下：

（1）主要材料验收及工具准备，如表1-4所示；

（2）铺设线槽；

（3）依据线槽铺设情况，截取适当长度的线缆（通常线缆要有一定的冗余）；

（4）将线缆编号，并放入线槽；

（5）安装信息插座；

（6）制作网络接头，连接交换机、路由器、服务器及终端电脑。

表1-4　主要材料及工具

名称	数量	功能	备注
路由器	1	接入互联网，地址转换	普通
三层交换机	1	终端接入，数据转发	普通三层交换机
二层交换机（可选）	1	连接服务器	普通二层交换机
服务器（可选）	2	实现FTP、Web等服务	非专职服务器，比普通主机稍高
主机	12	正常办公，接入互联网	普通配置
双绞线	约180m	连接主机和交换机	普通5累
水晶头	约32个	连接网线	普通
网线钳	1～2把	制作网线头	普通
测线仪	1～2个	测试网线	普通
线槽	约45m	布防线缆	普通，宽约3cm
工具箱	1套	施工	包含常用工具

想一想 练一练

根据表1-3所列的主要工具及材料，你觉得在施工过程中，还缺少什么？

_____

_____

_____

_____

1.4.5 路由器配置

步骤1 路由器配置

1.配置路由器接口IP地址

```
Router>en
Router#conf ter
Enter configuration commands, one per line.  End with CNTL/Z.
Router(config)#int f0/0
Router(config-if)#ip add 200.10.1.2 255.255.255.252
Router(config-if)#no shutdown
Router(config-if)#exit
Router(config)#int f0/1
Router(config-if)#ip add 10.10.1.1 255.255.255.252
Router(config-if)#no shutdown
Router(config-if)#
```

2.配置访问列表

```
Router(config)#int f0/1
Router(config-if)#ip add 10.10.1.1 255.255.255.252
Router(config-if)#no shutdown
Router(config-if)#int f0/0
Router(config-if)#ip nat outside
Router(config-if)#exit
Router(config)#int f0/1
Router(config-if)#ip nat inside
Router(config-if)#access-list 1 permit any
Router(config)#ip nat inside source list 1 interface fa0/0
```

3.配置路由

```
Router(config)#ip route 0.0.0.0 0.0.0.0 200.10.1.1
Router(config)#ip route 192.168.1.0 255.255.255.0 10.10.1.2
Router(config)#ip route 192.168.2.0 255.255.255.0 10.10.1.2
Router(config)#ip route 192.168.3.0 255.255.255.0 10.10.1.2
Router(config)# ip route 192.168.10.0 255.255.255.0 10.10.1.2
```

4.配置外网访问内网服务器

Router(config)#ip nat inside source static tcp 192.168.10.10 80 200.10.1.2 80

Router(config)#ip nat inside source static tcp 192.168.10.20 21 200.10.1.2 21

5.显示结果

```
Router#show run
Building configuration...
Current configuration : 946 bytes
!
version 12.4
no service timestamps log datetime msec
no service timestamps debug datetime msec
no service password-encryption
!
hostname Router
!
!
!
!
interface FastEthernet0/0
 ip address 200.10.1.2 255.255.255.252
 ip nat outside
 duplex auto
 speed auto
!
interface FastEthernet0/1
 ip address 10.10.1.1 255.255.255.252
 ip nat inside
 duplex auto
 speed auto
!
interface Vlan1
 no ip address
```

```
shutdown
!
ip nat inside source list 1 interface FastEthernet0/0 overload
ip nat inside source static tcp 192.168.10.10 80 200.10.1.2 80
ip nat inside source static tcp 192.168.10.20 21 200.10.1.2 21
ip classless
ip route 0.0.0.0 0.0.0.0 200.10.1.1
ip route 192.168.1.0 255.255.255.0 10.10.1.2
ip route 192.168.2.0 255.255.255.0 10.10.1.2
ip route 192.168.3.0 255.255.255.0 10.10.1.2
ip route 192.168.10.0 255.255.255.0 10.10.1.2
!
!
access-list 1 permit any
!
!
!
!
!
line con 0
line vty 0 4
 login
!
!
!
end
```

步骤2 三层交换机配置

1.创建VLAN，给VLAN加端口

```
Switch>en
Switch#conf ter
Enter configuration commands, one per line.  End with CNTL/Z.
Switch(config)#vlan 11
```

```
Switch(config-vlan)#exit
Switch(config)#vlan 12
Switch(config-vlan)#exit
Switch(config)#vlan 13
Switch(config-vlan)#exit
Switch(config)#
Switch(config)#interface FastEthernet0/1
Switch(config-if)#exit
Switch(config)#inter range f0/1-4
Switch(config-if-range)#switchport access vlan 11
Switch(config-if-range)#exit
Switch(config)#inter range f0/5—8
Switch(config-if-range)#switchport access vlan 12
Switch(config-if-range)#exit
Switch(config)#inter range f0/9—12
Switch(config-if-range)#switchport access vlan 13
Switch(config-if-range)#exit
Switch(config)#inter range f0/23
Switch(config-if-range)#switchport access vlan 20
Switch(config-if-range)#exit
```

2.配置三层接口

```
Switch(config)#inter vlan 11
Switch(config-if)#ip add 192.168.1.1 255.255.255.0
Switch(config-if)#exit
Switch(config)#interface vlan 12
Switch(config-if)#ip add 192.168.2.1 255.255.255.0
Switch(config-if)#exit
Switch(config)#inter vlan 13
Switch(config-if)#ip add 192.168.3.1 255.255.255.0
Switch(config)#inter f0/24
Switch(config-if)#ip add 10.10.1.2 255.255.255.252
Switch(config-if)#exit
```

Switch(config)#ip route 0.0.0.0 0.0.0.0 10.10.1.1

Switch(config)#vlan 20

Switch(config-vlan)#exit

Switch(config)#inter f0/23

Switch(config-if)#switchport access vlan 20

Switch(config-if)#exit

Switch(config)#exit

3.显示结果

Switch#show run

Building configuration...

Current configuration : 1679 bytes

!

version 12.2

no service timestamps log datetime msec

no service timestamps debug datetime msec

no service password-encryption

!

hostname Switch

!

!

!

!

interface FastEthernet0/1

switchport access vlan 11

!

interface FastEthernet0/2

switchport access vlan 11

!

interface FastEthernet0/3

 switchport access vlan 11

!

interface FastEthernet0/4

```
  switchport access vlan 11
!
interface FastEthernet0/5
switchport access vlan 12
!
interface FastEthernet0/6
 switchport access vlan 12
!
interface FastEthernet0/7
switchport access vlan 12
!
interface FastEthernet0/8
switchport access vlan 12
!
interface FastEthernet0/9
switchport access vlan 13
!
interface FastEthernet0/10
switchport access vlan 13
!
interface FastEthernet0/11
 switchport access vlan 13
!
interface FastEthernet0/12
switchport access vlan 13
!
interface FastEthernet0/13
!
interface FastEthernet0/14
!
interface FastEthernet0/15
!
interface FastEthernet0/16
```

!

interface FastEthernet0/17

!

interface FastEthernet0/18

!

interface FastEthernet0/19

!

interface FastEthernet0/20

!

interface FastEthernet0/21

!

interface FastEthernet0/22

!

interface FastEthernet0/23

 switchport access vlan 20

!

interface FastEthernet0/24

no switchport

ip address 10.10.1.2 255.255.255.252

duplex auto

speed auto

!

interface GigabitEthernet0/1

!

interface GigabitEthernet0/2

!

interface Vlan1

no ip address

shutdown

!

interface Vlan11

 ip address 192.168.1.1 255.255.255.0

!

```
interface Vlan12
 ip address 192.168.2.1 255.255.255.0
!
interface Vlan13
ip address 192.168.3.1 255.255.255.0
!
ip classless
ip route 0.0.0.0 0.0.0.0 10.10.1.1
!
!
!
!
line con 0
line vty 0 4
 login
!
!
!
end
```

步骤3 二层交换机配置

```
Switch#conf ter
Switch(config)#inter f0/23
Switch(config-if)#switchport mode trunk
Switch(config-if)#switchport trunk allowed vlan 20
Switch(config-if)#
```

由于该项目规模不大，FTP、Web服务器在Windows server 2003服务器系统上搭建。FTP服务器的搭建参考项目一的拓展知识即可完成；Web服务器的搭建，也比较简单，请查验相关资料独自完成。

相关知识

路由器配置

路由器的管理方式基本分为两种：带内管理和带外管理。通过路由器的 Console口管理路由器属于带外管理，不占用路由器的网络接口，其特点是需要使用配置线缆，近距离配置。第一次配置时必须利用 Console端口进行配置。通过Telnet方式属于带内管理。通过超级终端进入路由器配置方法如下：

1. 建立连接，并给连接命名

通过配置线将路由器与计算机终端连接起来，然后运行计算机的超级终端（在屏幕右下角的开始—程序—附件—通信中），如图1-12所示。

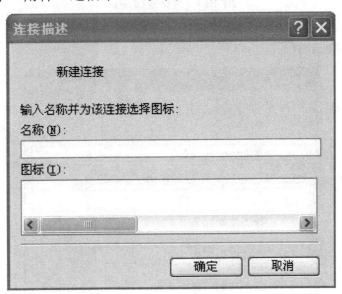

图1-12　新建连接界面

2. 选择串口

在图1-12中的名称中输入，例如abc，点击确定，如图1-13所示，在"连接时使用"选择COM1。

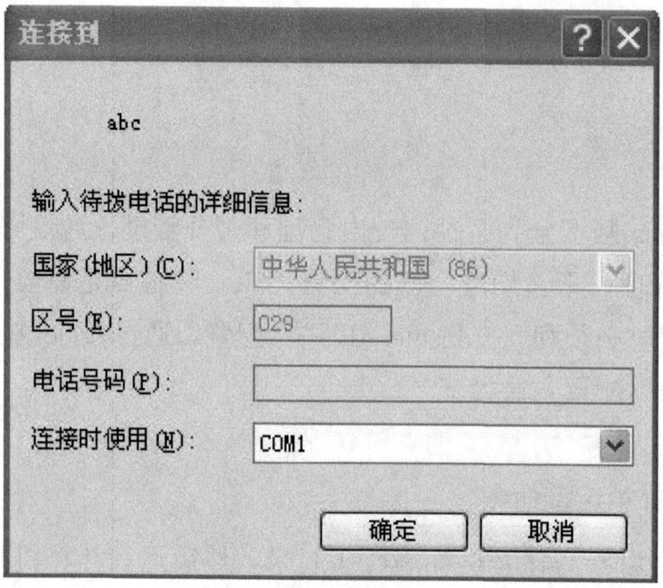

图1-13　选择连接端口

点击确定，如图1-14所示。

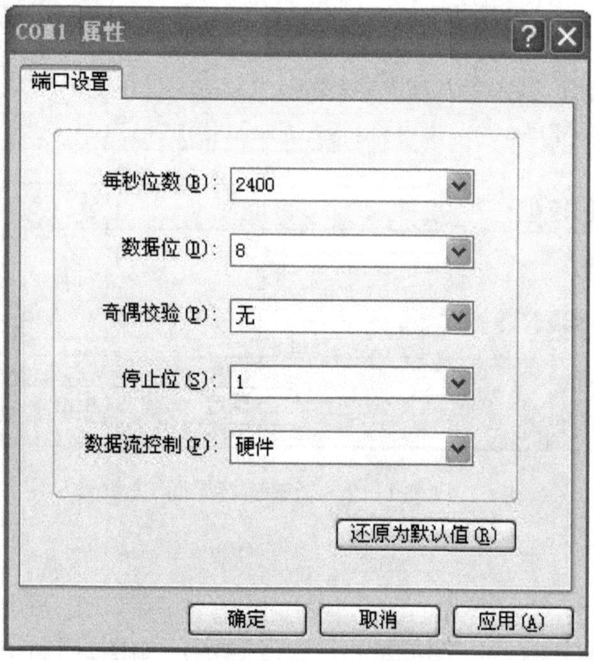

图1-14　端口设置

3. 端口设置

将每秒位数2400改为9600，点击确定，结果如图1-15所示：

图1-15 端口设置后

单击确定，即可进入配置界面。

想一想 练一练

针对以上路由器配置命令，你明白每条语句的含义吗？如果不用命令配置，还有其他方法配置吗？

_____

_____

_____

_____

1.5 系统集成验收

结合路由器的设置，在每台终端打开网页测试能否接入互联网，并用本地主机访问服务器。如果所有的测试都达到预期效果，则表明工程符合预期设计，若与预期结果不符，逐步查找原因，排除故障，直到与预期结果相符为止。对该项目来说，详细的验收单如表1-14所示。

表1-4 办公室网络系统集成验收单

验收项目	验收/测试内容	是否合格（是/否）
信息墙座安装	1.规格、位置、质量与合同符合 2.各种螺丝紧固 3.标志是否齐全 4.安装是否符合工艺要求，是否整洁	是
缆线及PVC管槽布放	1.缆线及管槽符合布放缆线工艺要求 2.安装位置是否正确 3.缆线是否进行了标识	是
线缆端接	1.信息墙座是否连通 2.配线模块是否规范 3.跳线是否连通	是
交换机	1.加电后状态是否正常 2.软件版本是否合理 3.用户名是否设置 4.Vlan划分是否与规划一致 5.数据是否已经备份等	是
路由器配置	1.加电后状态是否正常 2.软件版本是否合理 3.用户名是否设置 4.地址是否按规划设置 5.与对端设备是否互通 6.数据是否已经备份等	是
技术文档	按设计要求清点，交接技术文件	是

想一想 练一练

针对该项目验收，请你制定一个详细的验收步骤？

_____

_____

_____

_____

1.6 项目评价

至此，项目结束了，该项目你完成的如何？对每一个环节都满意吗？请认真完成下面的项目考核表，如表1-6所示。

表1-5 项目考核

项目名称	办公室网络系统集成					
班级：	姓名：	学号：	指导教师：		日期：	
评价项目	评价标准	评价依据	评价方式		权重	得分
			小组评价（30%）	教师评价（70%）		
职业素质	能够与团队成员合作，合理沟通，接受任务，协作他人完成工作任务				5%	
职业素质	能够按照操作规范，文明施工，安全完成工作任务（布线符合标准，3分；工具使用正确，2分；互连设备安装规范3分；工作现场管理及安全事故，2分）				10%	
	能够查阅各类教学资源，能够制定完成任务或项目的方案				5%	
	能够与团队成员共同完成评价，有集体意识和社会责任心				5%	
	能通过计算机制订施工方案、制作PPT				5%	
职业技能	1. 能够描述网络系统集成的相关概念、局域网及综合布线国家标准	1.提交的任务分析表 2.提交的解决方案表 3.网络施工图 4.提交验收方案			5%	
	2. 能够说出网络系统集成相关器材型号（5分）、网络互连设备的组成（3分）及功能（2分）				10%	

项目名称	办公室网络系统集成					
班级：	姓名：	学号：	指导教师：		日期：	

评价项目	评价标准	评价依据	评价方式		权重	得分
			小组评价（30%）	教师评价（70%）		
职业技能	3.能够进行综合布线（施工规范5分，工具使用5分），制作网络连接头（5分）	1.提交的任务分析表 2.提交的解决方案表 3.网络施工图 4.提交验收方案			15%	
	4.能操作绘图软件visual，绘制施工图（visual 操作5分，绘制施工图5分，标准及说明5分）				15%	
	5.能进行现场勘查、测量（准确5分），熟悉使用测量工具（5分）				10%	
	6.能进行路由器的简单配置，如IP、路由设置				5%	
	7.能制定该工程验收方案（全面性5分，可行性5分）				10%	

想一想 练一练

针对该项目评价表，你认为还有哪些地方需要补充，请写下来？

_____

_____

_____

_____

1.7　项目小结

任务刚刚结束，赶紧做个小结吧！

这是我做的最骄傲的事！

小提示
主要对工作过程中学到的知识、技能等进行总结！

这是我该反思的内容！

这是我要持续改进的内容！

1.8 训练与提高

1. 对于本项目，如果要增加公司内部邮件服务，在服务器上如何配置邮件服务器？请写出你的思路？

_____

_____

2. 某企业有5个部门，每个部门有4台计算机。要求不同的部门之间不能通过网上邻居互相访问，但可以通过IP地址的方式互访，局域网内部使用私有IP地址段。现电信分配给该企业一个固定IP地址（61.120.120.2/30），用来实现本企业内部的所有计算机都访问互联网。想想该项目如何实现？请写出你的规划思路。

_____

_____

1.9 知识拓展

1.什么是网络系统集成？

网络系统集成即是在网络工程中根据应用的需要，运用系统集成的方法，将硬件设备、软件设备、网络基础设施、网络设备、网络系统软件、网络基础服务系统、应用软件等组织成为一体，使之成为能组建一个完整、可靠、经济、安全、高效的计算机网络系统的全过程。从技术角度来看，网络系统集成是将计算机技术、网络技术、控制技术、通信技术、应用系统开发技术、建筑等技术综合运用到网络工程中的一门综合技术。一般包括：前期方案，线路、弱电等施工，网络设备架设，各种系统架设，网络后期维护。

网络系统集成开始仅局限于计算机局域网。随着计算机网络技术的快速发展，近年

又出现了局域网网络系统集成、智能大厦网络系统集成、智能小区网络系统集成。

（1）局域网网络系统集成

局域网网络系统集成主要包括网络互连设备、传输介质、布线系统、各种服务器、网络操作系统等。

（2）智能大厦网络系统集成

智能大厦网络系统集成是随着互联网技术的发展出现的，为了满足智能大厦的各种不同功能和管理要求，通常在智能大厦内建立若干个不同模式和功能的计算机系统。

（3）智能小区网络系统集成

将家庭中的有关通信设备、家用电器和家庭安全装置通过家庭总线或无线网络的形式连接到一个智能化系统上，进行本地或异地监视、控制和家庭事务的管理，并保持这些家庭设施与住宅环境的协调。

2. RJ-45接头的制作

1）接线标准（国标）

T568B 橙白、橙、绿白、蓝、蓝白、绿、棕白、棕。

2）制作工具和材料

（1）制作工具

网线制作工具是RJ-45工具钳，该工具上有三处不同的功能，最前端是剥线口，它用来剥开双绞线外壳。中间是压制RJ-45头工具槽，这里可将RJ-45头与双绞线合成。离手柄最近端是锋利的切线刀，此处可以用来切断双绞线。

（2）制作所需材料

网线制作材料是RJ-45头和双绞线。由于RJ-45头像水晶一样晶莹透明，所以也被俗称为水晶头，每条双绞线两头通过安装RJ-45水晶头来与网卡和交换机相连。而双绞线是指封装在绝缘外套里的由两根绝缘导线相互扭绕而成的四对线缆，它们相互扭绕是为了降低传输信号之间的干扰。水晶头制作工具及材料如图1-16所示。

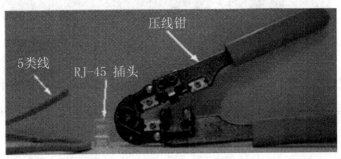

图1-16　水晶头制作工具及材料

3）接头的制作过程

（1）剪断

利用压线钳的剪线刀口剪取适当长的网线，如图1-17所示。

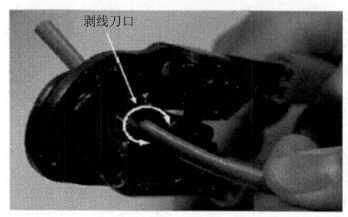

剥线刀口

图1-17　剪线

（2）剥皮

用压线钳的剪线刀口将线头剪齐，再将线头放入剥线刀口，让线头角及挡板，稍微握紧压线钳慢慢旋转，让刀口划开双绞线的保护胶皮，拔下胶皮。

注意： 网线钳挡位离剥线刀口长度通常恰好为水晶头长度，这样可以有效避免剥线过长或过短。剥线过长一则不美观，另一方面因网线不能被水晶头卡住，容易松动；剥线过短，因有包皮存在，太厚，不能完全插到水晶头底部，造成水晶头插针不能与网线芯线完好接触，当然也不能制作成功了。剥皮如图1-18所示。

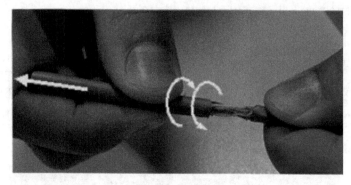

图1-18　剥皮

（3）排序

每对线都是相互缠绕在一起的，制作网线时必须将4个线对的8条细导线一一拆开、理顺、捋直，然后按照规定的线序排列整齐。排列水晶头8根针脚，将水晶头有塑料弹簧片的一面向下，有针脚的一方向上，使有针脚的一端指向远离自己的方向，有方型孔的一端对着自己，此时，最左边的是第1脚，最右边的是第8脚，其余依次顺序排列。排序如图1-19所示。

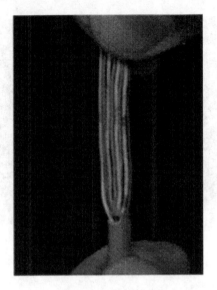

图1-19　线的排列

（4）剪齐

把线尽量抻直（不要缠绕）、压平（不要重叠）、挤紧理顺（朝一个方向紧靠），然后用压线钳把线头剪平齐。这样，在双绞线插入水晶头后，每条线都能良好接触水晶头中的插针，避免接触不良。如果以前剥的皮过长，可以在这里将过长的细线剪短，保留的去掉外层绝缘皮的部分约为14mm，这个长度正好能将各细导线插入到各自的线槽。如果该段留得过长，不仅增加串扰，而且会由于水晶头不能压住护套而可能导致电缆从水晶头中脱出，造成线路的接触不良甚至中断。剪齐如图1-20所示。

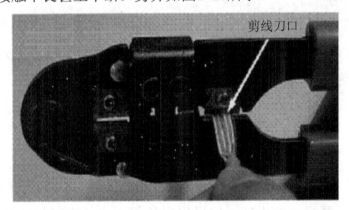

剪线刀口

图1-20　剪齐

（5）插入

一手以拇指和中指捏住水晶头，使有塑料弹片的一侧向下，针脚一方朝向远离自己的方向，并用食指抵住；另一手捏住双绞线外面的胶皮，缓缓用力将8条导线同时沿RJ-45头内的8个线槽插入，一直插到线槽的顶端。插入如图1-21所示。

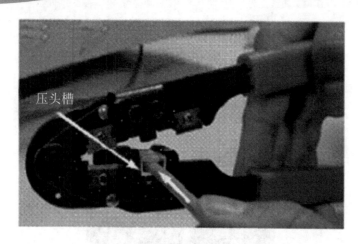

压头槽

图1-21　插入

（6）压制

确认所有导线都到位，并将水晶头检查一遍线序无误后，就可以用压线钳制RJ-45头了。将RJ-45头从无牙的一侧推入压线钳夹槽后，用力握紧线钳（因缺口结构与水晶头结构一样，一定要正确放入才能使后面压下网线钳手柄时所压位置正确。水晶头放好后即可压下网线钳手柄，一定要使劲，使水晶头的插针都能插入到网线芯线之中，与之接触良好。然后再用手轻轻拉一下网线与水晶头，看是否压紧，最好多压一次，最重要的是要注意所压位置一定要正确），将突出在外面的针脚全部压入水晶并头内。

至此，这条网线的一端就算制作好了。由于只是作好了跳线一端，所以这条网线还不能用，还需要制作跳线的另一端。

注意：另一端的线序根据所连接设备的不同而有所不同。经常使用的跳线有两种，即直通线和交叉线。两端RJ-45头中的线序排列完全相同的网线，称为直通线，即当一端线序从左到右依次为白橙、橙、白绿、蓝、白蓝、绿、白棕、棕时，另一端线序从左到右仍然依次为白橙、橙、白绿、蓝、白蓝、绿、白棕、棕。直通线通常适用于计算机到交换机设备的连接，现在大多数是用的国标线接法。

4）测试

把水晶头的两端都做好后即可用网线测试仪进行测试，如果测试仪上8个指示灯都依次为绿色闪过，证明网线制作成功。如果出现任何一个灯为红灯或黄灯，都证明存在断路或者接触不良现象，此时最好先对两端水晶头再用网线钳压一次，再测，如果故障依旧，再检查一下两端芯线的排列顺序是否一样，如果不一样，剪掉一端重新按另一端芯线排列顺序制做水晶头。如果芯线顺序一样，但测试仪在重新测试后仍显示红色灯或黄色灯，则表明其中肯定存在对应芯线接触不好。此时应先剪掉一端按另一端芯线顺序重做一个水晶头，再测，如果故障消失，则不必重做另一端水晶头，否则还得把原来的另一端水晶头也剪掉重做。直到测试全为绿色指示灯闪过为止。对于制作的方法不同测试仪上的指示灯亮的顺序也不同，如果是直通线测试仪上的灯应该是依次顺序的亮，如果做的是双绞线，那测试仪的一段的闪亮顺序应该是3、6、1、4、5、2、7、8。测试如图1-22所示。

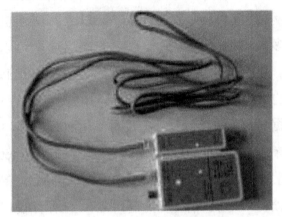

图 1-22 双绞线测试结果

3.交换机的组成及工作原理

1）交换机的硬件组成

大体上有如下基本组成部分（以盒式交换机为例）。

（1）CPU

即中央处理器，如同计算机的CPU一样，是交换机的核心，可以实现高速的数据传输。

（2）RAM/DRAM

交换机内部的主存储器，用于存储设备运行的配置信息和交换机的主程序。

（3）NVRAM

主要用于存储备份交换机的配置文件。

（4）FlashROM

用于存储系统软件映像、启动配置文件等。通常情况下，该芯片是一个电可擦可编程的ROM。

（5）ROM

主要存储操作系统软件，引导程序，开机自检程序。

接口电路

（6）主要指内部和外部线路。

2）交换机的作用及工作原理

以太网交换机是基于以太网传输数据的交换机，以太网采用共享总线型传输媒体方式的局域网。以太网交换机的结构是每个端口都直接与主机相连，并且一般都工作在全双工方式。交换机能同时连通许多对端口，使每一对相互通信的主机都能像独占通信媒

体那样，进行无冲突地传输数据。

（1）以太网交换机的作用

以太网交换机应用最为普遍，价格也较便宜。档次齐全。因此，应用领域非常广泛，在大大小小的局域网都可以见到它们的踪影。以太网交换机通常都有几个到几十个端口。实质上就是一个多端口的网桥。另外，它的端口速率可以不同，工作方式也可以不同，如可以提供10M、100M的带宽、提供半双工、全双工、自适应的工作方式等。

（2）以太网交换机的工作原理

以太网交换机是数据链路层的设备，以太网使用物理地址（MAC地址），48位，6字节。其工作原理为：首先，交换机根据从端口接收到的Ethernet包得到对应端口的MAC地址，经过一段时间的学习，交换机便得到了每个端口与MAC的对应关系，即交换地址表。当接受到一个广播帧时，他会向除接受端口之外的所有端口转发。当接受到一个非广播帧时，检查其目的地址并对应自己的MAC地址表，如果存在目的地址，则转发，如果不存在则泛洪（广播），广播后如果没有主机的MAC地址与帧的目的MAC地址相同，则丢弃，若有主机相同，则会将主机的MAC自动添加到其MAC地址表中。在这一点，集线器则不是这样，不管是广播帧或非广播帧，集线器都按广播帧处理。

此外，交换机分割冲突域，每个端口独立成一个冲突域。每个端口如果有大量数据发送，则端口会先将收到的等待发送的数据存储到寄存器中，在轮到发送时再发送出去。因此，可以说集线器是所有端口共享带宽，而交换机则是每个端口独享带宽。

交换机一般都有自动老化功能，对于在地址表中的MAC地址，如果超过一定时间没有收到数据帧，就将该MAC地址从地址表中删除，从而避免了地址表的庞大，提高了交换机的处理速度。

4.交换机的分类

1）从网络覆盖范围划分

（1）广域网交换机

广域网交换机主要是应用于电信城域网互联、互联网接入等领域的广域网中，提供通信用的基础平台。

（2）局域网交换机

这种交换机就是我们常见的交换机了，也是我们学习的重点。局域网交换机应用于局网络，用于连接终端设备，如服务器、工作站、集线器、路由器、网络打印机等网络设备，提供高速独立通信通道。

2) 根据传输介质和传输速度划分

根据交换机使用的网络传输介质及传输速度的不同我们一般可以将局域网交换机分为以太网交换机、快速以太网交换机、千兆（G位）以太网交换机、10千兆（10G位）以太网交换机。

（1）以太网交换机

首先要说明的一点是，这里所指的"以太网交换机"是指带宽在100Mbps以下的以太网所用交换机，其实下面我们还会要讲到一种"快速以太网交换机"、"千兆以太网交换机"和"10千兆以太网交换机"其实也是以太网交换机，只不过它们所采用的协议标准、或者传输介质不一样，当然其接口形式也可能不一样。

以太网交换机是最普遍和便宜的，它的档次比较齐全，应用领域也非常广泛，在大大小小的局域网都可以见到它们的踪影。以太网包括三种网络接口：RJ-45、BNC和AUI，所用的传输介质分别为：双绞线、细同轴电缆和粗同轴电缆。不要以为以太网就都是RJ-45接口的，只不过双绞线类型的RJ-45接口在网络设备中非常普遍而已。当然现在的交换机通常不可能全是BNC或AUI接口的，因为目前采用同轴电缆作为传输介质的网络现在已经很少见了，而一般是在RJ-45接口的基础上为了兼顾同轴电缆介质的网络连接，配上BNC或AUI接口。如图1-23所示的是一款带有RJ-45和AUI接口的以太网交换机产品示意图。

图1-23　以太网交换机

（2）快速以太网交换机

这种交换机是用于100Mbps快速以太网。快速以太网是一种在普通双绞线或者光纤上实现100Mbps传输带宽的网络技术。通常提到快速以太网就认为全都是纯正100Mps带宽的端口，事实上目前基本上还是10／100Mbps自适应型的为主。同样一般来说这种快速以太网交换机通常所采用的介质也是双绞线，有的快速以太网交换机为了兼顾与其他光传输介质的网络互联，或许会留有少数的光纤接口"SC"。图1-24所示的是一款快速以太网交换机产品示意图。

图1-24　快速以太网交换机

（3）千兆以太网交换机

千兆以太网交换机是用于目前较新的一种网络，也有人把这种网络称之为"吉位（GB）以太网"，那是因为它的带宽可以达到1000Mbps。它一般用于一个大型网络的骨干网段，所采用的传输介质有光纤、双绞线两种，对应的接口为"SC"和"RJ-45"接口两种。图1-25所示的就是两款千兆以太网交换机产品示意图。

图1-25　千兆以太网交换机

（4）10千兆以太网交换机

10千兆以太网交换机主要是为了适应当今10千兆以太网络的接入，它一般是用于骨干网段上，采用的传输介质为光纤，其接口方式也就相应为光纤接口。同样这种交换机也称之为"10G以太网交换机"，道理同上。因为目前10G以太网技术还处于研发初级阶段，价格也非常昂贵（一般要2～9万美元），所以10G以太网在各用户的实际应用还不是很普遍，再则多数企业用户都早已采用了技术相对成熟的千兆以太网，且认为这种速度已能满足企业数据交换需求。图1-26所示的是一款10千兆以太网交换机产品示意图，从图中可以看出，它全采用光纤接口。

图1-26　10千兆以太网交换机

3）根据应用层次划分

根据交换机所应用的网络层次，我们又可以将网络交换机划分为企业级交换机、校园网交换机、部门级交换机和工作组交换机等。

（1）企业级交换

企业级交换机属于一类高端交换机，一般采用模块化的结构，可作为企业网络骨干构建高速局域网，所以它通常用于企业网络的最顶层企业级交换机。可以提供用户化定制、优先级队列服务和网络安全控制，并能很快适应数据增长和改变的需要，从而满足用户的需求。对于有更多需求的网络，企业级交换机不仅能传送海量数据和控制信息，更具有硬件冗余和软件可伸缩性特点，保证网络的可靠运行。这种交换机从它所处的位置可以清楚地看出它自身的要求非同一般，起码在带宽、传输速率和背板容量上要比一般交换机要高出许多，所以企业级交换机一般都是千兆以上以太网交换机。企业级交换机所采用的端口一般都为光纤接口，这主要是为了保证交换机高的传输速率。那么什么样的交换机可以称之为企业级交换机呢？说实在的还没有一个明确的标准，只是现在通常这么认为，如果是作为企业的骨干交换机时，能支持500个信息点以上大型企业应用的交换机为企业级交换机，如图1-27所示的是友讯的一款模块化千兆以太网交换机，它属于企业级交换机范畴。

图1-27　企业级交换机

企业交换机还可以接入一个大底盘。这个底盘产品通常支持许多不同类型的组件，比如快速以太网和以太网中继器、FDDI集中器、路由器等。企业交换机在建设企业级别的网络时非常有用，尤其是对需要支持一些网络技术和以前的系统。基于底盘设备通常有非常强大的管理特征，因此非常适合于企业网络的环境。不过，基于底盘设备的成本都非常高，很少中、小型企业能承担得起。

（2）校园网交换机

校园网交换机，这种交换机应用相对较少，主要应用于较大型网络，且一般作为网络的骨干交换机。这种交换机具有快速数据交换能力和全双工能力，可提供容错等智能特性，还支持扩充选项及第三层交换中的虚拟局域网（VLAN）等多种功能。

这种交换机通常用于分散的校园网而得名，其实它不一定要应用校园网络中，只表示它主要应用于物理距离分散的较大型网络中。因为校园网比较分散，传输距离比较长，所以在骨干网段上，这类交换机通常采用光纤或者同轴电缆作为传输介质，交换机当然也就需提供SC光纤口和BNC或者AUI同轴电缆接口。

（3）部门级交换机

部门级交换机是面向部门级网络使用的交换机，它较前面两种所能实现的网络规模要小许多。这类交换机可以是固定配置，也可以是模块配置，一般除了常用的RJ-45双绞线接口外，还带有光纤接口。部门级交换机一般具有较为突出的智能型特点，支持基于端口的VLAN（虚拟局域网），可实现端口管理，可任意采用全双工或半双工传输模式，可对流量进行控制，有网络管理的功能，可通过PC机的串口或经过网络对交换机进行配置、监控和测试。如果作为骨干交换机，则一般认为支持300个信息点以下中型企业的交换机为部门级交换机，如图1-28所示是一款部门级交换机产品示意图。

图1-28　部门级交换机

（4）工作组交换机

工作组交换机是传统集线器的理想替代产品，一般为固定配置，配有一定数目的10Base-T或100Base-TX以太网口。交换机按每一个包中的MAC地址相对简单地决策信息转发，这种转发决策一般不考虑包中隐藏的更深的其他信息。与集线器不同的是交换机转发延迟很小，操作接近单个局域网性能，远远超过了普通桥接互联网络之间的转发性能。

工作组交换机一般没有网络管理的功能，如果是作为骨干交换机则一般认为支持100个信息点以内的交换机为工作组级交换机。如图1-29所示的是一款快速以太网工作组交换机产品示意图。

图1-29　工作组交换机

4）根据OSI模型进行划分

（1）二层交换机

二层交换机工作在OSI模型的第二层，即数据链路层。它的每个端口为一个冲突域，如果在该二层交换机上划分了虚拟局域网VLAN，则每个VLAN即为一个广播域。

（2）三层交换机

三层交换机工作在OSI参考模型的第三层，即网络层。交换机根据目的IP地址转发数据报，同时能够创建并动态维护路由表，具有"一次路由多次交换"的功能。

（3）四层交换机

四层交换机工作在OSI参考模型的第四次，即传输层，可以识别TCP和UDP信息，允许设备为不同的应用分配各自的优先级。这样四层交换机就可以智能化地处理网络中的数据，最大限度地避免网络拥塞，提高网络带宽利用率。

5. FTP服务器配置

FTP服务器，即文件传输服务器，在网络中主要用来实现文件的上传和下载。

在Windows Server 2003系统中安装FTP服务器组件以后，用户只需进行简单的设置即可配置一台常规的FTP服务器，操作步骤如下所述：

第一步，在开始菜单中依次单击"管理工具"→"Internet信息服务（IIS）管理器"菜单项，打开"Internet信息服务（IIS）管理器"窗口。在左窗格中展开"FTP站点"目录，右键单击"默认FTP站点"选项，并选择"属性"命令，如图1-30所示。

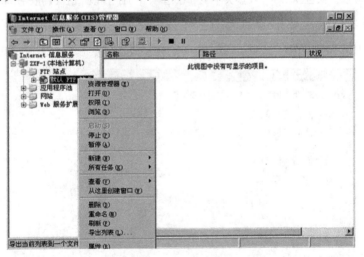

图1-30　右键单击"默认FTP站点"选项

第二步，打开"默认FTP站点 属性"对话框，在"FTP站点"选项卡中可以设置关于FTP站点的参数。其中在"FTP站点标识"区域中可以更改FTP站点名称、监听IP地址以及TCP端口号，单击"IP地址"编辑框右侧的下拉三角按钮，并选中该站点要绑定的IP地址。如果想在同一台物理服务器中搭建多个FTP站点，那么需要为每一个站点指定一个IP

地址，或者使用相同的IP地址且使用不同的端口号。在"FTP站点连接"区域可以限制连接到FTP站点的计算机数量，一般在局域网内部设置为"不受限制"较为合适。用户还可以单击"当前会话"按钮来查看当前连接到FTP站点的IP地址，并且可以断开恶意用户的连接，如图1-31所示。

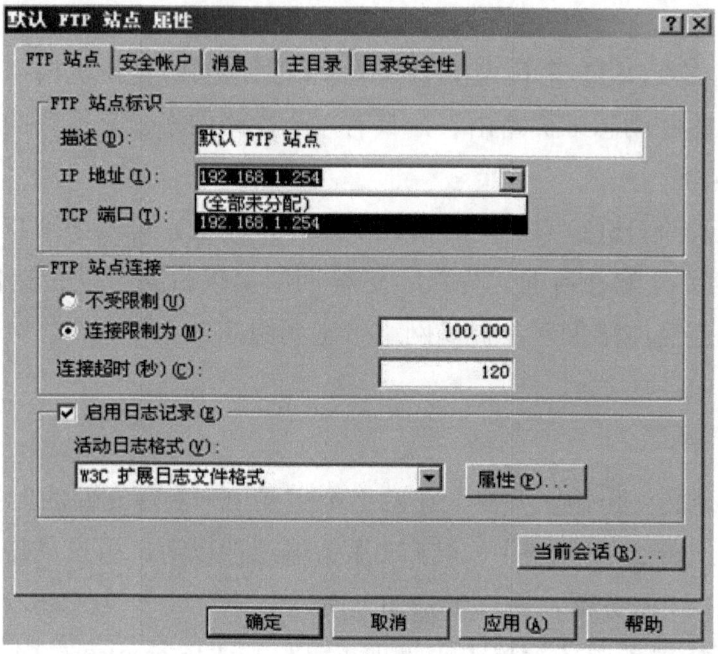

图1-31　选择FTP站点IP地址

第三步，切换到"安全账户"选项卡，此选项卡用于设置FTP服务器允许的登录方式。默认情况下允许匿名登录，如果取消选中"允许匿名连接"复选框，则用户在登录FTP站点时需要输入合法的用户名和密码。本例选中"允许匿名连接"复选框，如图1-32所示。

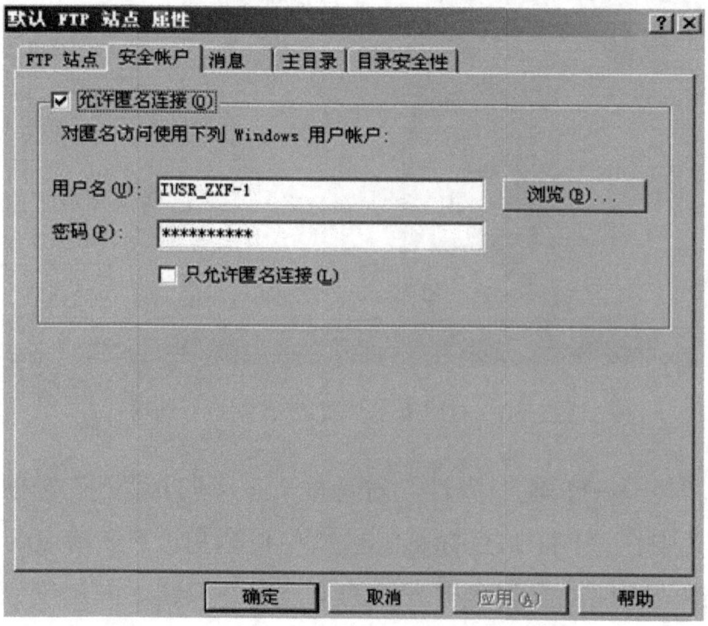

图1-32　选中"允许匿名连接"复选框

提示：登录FTP服务器的方式可以分为两种类型：匿名登录和用户登录。如果采用匿名登录方式，则用户可以通过用户名"anonymous"连接到FTP服务器，以电子邮件地址作为密码。对于这种密码FTP服务器并不进行检查，只是为了显示方便才进行这样的设置。允许匿名登录的FTP服务器使得任何用户都能获得访问能力，并获得必要的资料。如果不允许匿名连接，则必须提供合法的用户名和密码才能连接到FTP站点。这种登录方式可以让管理员有效控制连接到FTP服务器的用户身份，是较为安全的登录方式。

第四步，切换到"消息"选项卡，在"标题"编辑框中输入能够反映FTP站点属性的文字（如"服务器配置技术务网FTP主站点"），该标题会在用户登录之前显示。接着在"欢迎"编辑框中输入一段介绍FTP站点详细信息的文字，这些信息会在用户成功登录之后显示。同理，在"退出"编辑框中输入用户在退出FTP站点时显示的信息。另外，如果该FTP服务器限制了最大连接数，则可以在"最大连接数"编辑框中输入具体数值。当用户连接FTP站点时，如果FTP服务器已经达到了所允许的最大连接数，则用户会收到"最大连接数"消息，且用户的连接会被断开，如图1-33所示。

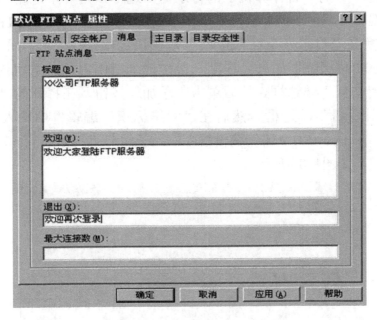

图1-33 "消息"选项卡

第五步，切换到"主目录"选项卡。主目录是FTP站点的根目录，当用户连接到FTP站点时只能访问主目录及其子目录的内容，而主目录以外的内容是不能被用户访问的。主目录既可以是本地计算机磁盘上的目录，也可以是网络中的共享目录。单击"浏览"按钮在本地计算机磁盘中选择要作为FTP站点主目录的文件夹，并依次单击"确定"按钮。根据实际需要选中或取消选中"写入"复选框，以确定用户是否能够在FTP站点中写入数据，如图1-34所示。

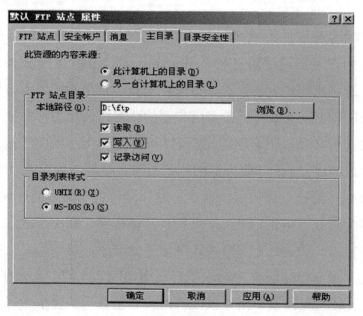

图1-34 "主目录"选项卡

提示：如果选中"另一台计算机上的目录"单选框，则"本地路径"编辑框将更改成"网络共享"编辑框。用户需要输入共享目录的UNC路径，以定位FTP主目录的位置。

第六步，切换到"目录安全性"选项卡，在该选项卡中主要用于授权或拒绝特定的IP地址连接到FTP站点。例如只允许某一段IP地址范围内的计算机连接到FTP站点，则应该选中"拒绝访问"单选框。然后单击"添加"按钮，在打开的"授权访问"对话框中选中"一组计算机"单选框。然后在"网络标识"编辑框中输入特定的网段（如192.168.1.129），并在"子网掩码"编辑框中输入子网掩码（如255.255.255.128）。最后单击"确定"按钮，如图1-35所示。

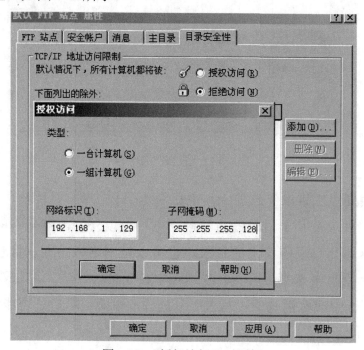

图1-35 "授权访问"对话框

第七步，返回"默认FTP站点 属性"对话框，单击"确定"按钮使设置生效。现在用户已经可以在网络中任意客户计算机的Web浏览器中输入FTP站点地址（ftp://192.168.1.254）来访问FTP站点的内容了。

提示：如果FTP站点所在的服务器上启用了本地连接的防火墙，则需要在"本地连接 属性"的"高级设置"对话框中添加"例外"选项，否则客户端计算机不能连接到FTP站点。

项目二

学校网络系统集成

本项目通过对学校办公楼进行网络系统集成，包括综合布线子系统设计，交换机、路由器配置，服务器配置等环节。通过本项目的实施，使学生进一步掌握综合布线各子系统的划分方法，交换机及路由器的综合配置等。

表2-1　工程派工单

×××有限责任公司　　　　　　　　　　　　　　　　　派工日期　　年　月　日

客户名称		所属项目	办公室网络系统集成
联系人		联系方式	
施工地点		派工时间	15天
工程主要任务： 1.学校网络需求分析与设计 2.布线、设备安装及调试 3.系统验收 4.用户培训 是否需要勘察现场：　是			
备注：			
指派工程师	×××	项目经理	

2.1　任务描述

来了解一下任务吧！

某学校办公楼共9层，学校的众多职能部门在该楼办公。该楼通过光纤接入互联网，预计将有近400台计算机接入互连网，分布在不同的楼层中。请对该楼的综合布线，交换机、路由器进行规划，以便所有的计算机都能安全、可靠地接入互联网。

在开始该项工程前，首先明确客户的要求，提出自己的专业意见，然后根据客户需求进行设计、施工、验收。在设计过程中一定要结合现场的实际情况，满足用户的要求，最终完成任务。

2.2 背景知识储备

首先让我们去认识一下主要工具、环境及设备吧

图2-1 配线架 图2-2 打线刀

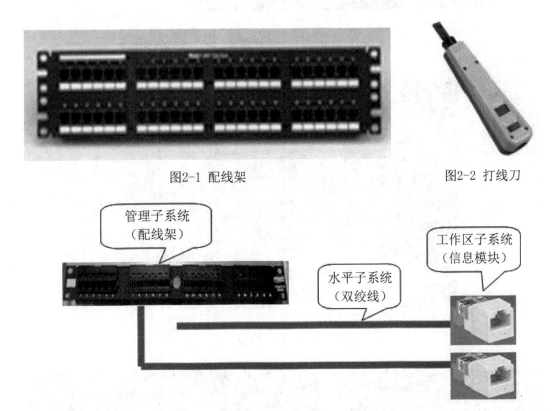

图2-3 工作区I/O与管理间IDF连接示意图

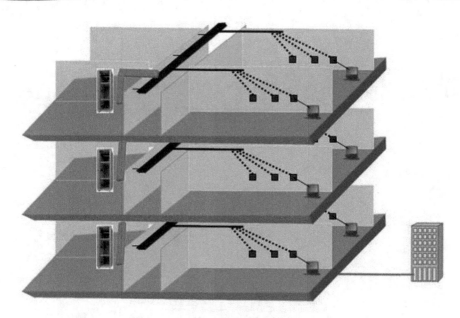

图2-4　布线安装结构

机柜顶盖
风机单元
机柜横梁
机柜框架
19″角规
滑动托盘
固定托盘
理线环
机柜底座

完全可拆卸

图2-5　机柜结构图

图2-6　机柜布置

图2-7　理线架

想一想 练一练

1.从以上图片来看，你认为需要进行哪方面的知识储备？综合布线及局域网的国家标准你都掌握了吗？

_____

_____

_____

_____

2.你认为通过哪些途径可以学习到以上知识？

_____

_____

_____

3.你对以上知识感兴趣吗？如果有兴趣，你打算如何学习它们？

_____

_____

_____

_____

综合布线及网络互连设备配置相关资料可以查阅以下书籍：

1.王公儒.网络综合布线系统工程技术实训教程.北京：机械工业出版社.

2.张文科.路由器/交换机应用案例教程.北京：机械工业出版社.

3. ISO/IEC 11801 建筑物通用布线的国际标准.

2.3 任务分析

虽然该办公楼楼层多，信息点多，但是每一层的结构基本都是一样的，大约有50个信息点。考虑到楼梯在楼层的中间位置，因此将中心机房设置在楼层的中间紧挨楼梯的房间，这样不仅可以节约成本，还能够提高网络的质量。

关于系统集成的综合布线：整栋大楼光纤接入，在内部采用双绞线连接。由于每层信息点比较多，因此每两层安装一个配线架，各信息点直接接入配线架，再将各配线架接入中心机房，最后由中心机房通过光纤接入互联网。

关于系统集成中的交换机、路由器配置：结合综合布线的实际情况，每两层（即一个配线架）设置一个三层交换机，各配线架与中心机房之间通过中心三层交换机实现连接，中心三层交换机通过路由器接入互联网；各楼层通过二层交换机与对应配线架的三层交换机连接，每台三层交换机负责它所接入用户的数据交换，不同三层交换机之间的互访使用三层转发的方式进行。由于本项目设备较多，无法画出所有的设备分布，图2-1所示为该项目的一个简图。

关于系统集成的服务器，可以假设学校的WEB服务器，用于实现全校的资源共享。各部门可以根据需要，架设自己的专用服务器。

想一想 练一练

结合任务分析，为什么说中心机房设置在楼层中间紧挨楼梯的房间不仅可以节约成本，还能提高网络质量？

_____

_____

_____

_____

2.4 任务实施

让我们按下面的步骤完成本项目的实施操作吧!

2.4.1 勘查现场, 已知条件分析

接到任务后, 首先要到现场了解情况, 以便确定中心机房及配线架的位置, 电源、接地线等配套设施是否到位, 详细统计每层信息点的个数, 交换机、路由器的数量, 所需线缆、管材的型号及数量等, 为绘制拓扑图及网络规划做准备工作。

具体工作如下:

(1) 让客户找到该办公楼的建筑设计施工图后, 根据施工图做好现场勘察, 并与大厦物业的相关负责人联系, 了解大厦网络通信构架, 弱电竖井的位置和单元区域的走线情况。

(2) 了解大厦单元区原来有无布线, 如果有, 是否保留或是改动。如果需要改动, 则有关注意事项经过协商后, 做好调整和解决办法。

(3) 具体掌握客户和物业关于外线的接入办法, 以便随时和物业管理人员联系, 保证施

2.4.2 画出网络拓扑图

本项目部分网络拓扑图如下图2-7所示

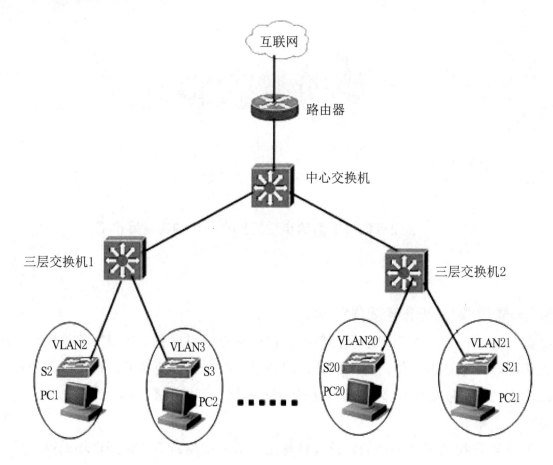

图2-7　网络拓扑图

2.4.3 网络规划

办公楼部分楼层网络地址规划如表2-2。

表2-2　IP地址与VLAN规划

IP网段	网关	VLAN ID	备注	接口
61.100.1.0/30	61.100.1.1	无	路由器	F0/0，接互联网
10.1.1.0/30	10.1.1.2	无	路由器	F1/0，接中心交换机
10.1.1.0/30	10.1.1.1	无	中心交换机（CL3）	G0/1，接路由器f1/0
10.1.1.4/30	10.1.1.6	无	中心交换机（CL3）	F0/1，接L3-1的F0/1
10.1.1.8/30	10.1.1.10	无	中心交换机（CL3）	F0/2，接L3-2的F0/1
…	…	无	…	…
10.1.1.4/30	10.1.1.5	无	三层交换机1（L3-1）	F0/1，接CL3
10.1.1.8/30	10.1.1.9	无	三层交换机2（L3-2）	F0/1，接CL3
…	…		…	…

续表

IP网段	网关	VLAN ID	备注	接口
192.168.2.0/24	192.168.2.1	2	交换机2	L3-1的F0/2口
192.168.3.0/24	192.168.3.1	3	交换机3	L3-1的F0/3口
…	…	n	…	…
192.168.20.0/24	192.168.20.1	20	交换机20	L3-2的F0/2口
192.168.21.0/24	192.168.21.1	21	交换机21	L3-2的F0/3口

2.4.4 综合布线施工

根据前面的现场勘查、网络拓扑及网络规划，进行工程施工。在保证安全、规范、文明的前提下，具体的施工步骤如下。

（1）确定每层信息节点个数、位置。

（2）确定楼层配线架、机房位置。

（3）预算网线及线槽数量。

（4）开始布线，按照先支线，再干线，最后机房的顺序进行。

（5）进行信息点、配线架模块制作。

（6）测试各信息点与配线架和机房的连通性。

2.4.5 网络互连设备配置

1. 路由器配置

（1）进入相应配置层

Router>en

Router# conf ter

Router(config)#

（2）进入相应接口并配置参数

Router(config)# int f0/0

Router(config-if)# ip add 61.100.1.2 255.255.255.252

Router(config-if)# no shutdown

Router(config-if)#ip nat outside // 接入互联网，NAT转换时使用outside

Router(config-if)#speed 100 //制定速率

Router(config-if)# duplex full //制定双工工作方式

Router(config-if)# exit

Router(config)# int f1/0

Router(config-if)# ip add 10.1.1.1 255.255.255.252

Router(config)# no shutdown

Router(config)# ip nat inside //NAT转换时使用inside

（3）定义访问控制列表，使所有内部用户都能访问互联网

Router(config)# access-list 1 permit any

（4）启用NAPT，把内网地址变换为接口的IP地址

Router(config)# ip nat inside source list 1 int f1/0   //要与访问列表相关联

（5）配置到互联网的默认路由，到内部网的静态路由

Router(config)# ip route 0.0.0.0 0.0.0.0 61.100.1.1

Router(config)# ip route 192.168.0.0 255.255.0.0 10.1.1.2

（6）查看相应的配置信息

Router#show run

Building configuration...

Current configuration : 830 bytes

!

version 12.2

no service timestamps log datetime msec

no service timestamps debug datetime msec

no service password-encryption

!

hostname Router

!

!

!

!

interface FastEthernet0/0

ip address 61.100.1.2 255.255.255.252

ip nat outside

duplex full

speed 100

!

```
interface FastEthernet1/0
ip address 10.1.1.1 255.255.255.252
ip nat inside
duplex auto
speed 100
!
interface Serial2/0
no ip address
shutdown
!
interface Serial3/0
no ip address
shutdown
!
interface FastEthernet4/0
no ip address
shutdown
!
interface FastEthernet5/0
no ip address
shutdown
!
ip nat inside source list 1 interface FastEthernet1/0 overload
ip classless
ip route 0.0.0.0 0.0.0.0 61.100.1.1
ip route 192.168.0.0 255.255.0.0 10.1.1.2
!
!
access-list 1 permit any
!
!
!
!
```

!

line con 0

line vty 0 4

login

!

!

!

end

2. 中心交换机的配置

（1）进入相应配置层

Switch>en

Switch#conf ter

Enter configuration commands, one per line. End with CNTL/Z.

Switch(config)#

（2）进入相关的接口，配置接口参数

CL3(config)# int g0/1

CL3(config-if)#no sw

CL3(config-if)# ip add 10.1.1.2 255.255.255.252

CL3(config-if)# exit

CL3(config)# int f0/1

CL3(config-if)#no sw

CL3(config-if)# ip add 10.1.1.5 255.255.255.252

CL3(config-if)# exit

CL3(config)# int f0/2

CL3(config-if)#no sw

CL3(config-if)#ip add 10.1.1.9 255.255.255.252

CL3(config-if)# exit

（3）配置默认路由器的内网接口

CL3(config)# ip route 0.0.0.0 0.0.0.0 10.1.1.1

（4）配置OSPF路由

CL3(config)# router ospf 1

CL3(config-router)# network 10.1.1.0 0.0.0.0 area 0

CL3(config-router)# network 10.1.4.0 0.0.0.0 area 0

CL3(config-router)# network 10.1.8.0 0.0.0.0 area 0

（5）查看相应的配置信息

CL3#show run

Building configuration...

Current configuration : 1443 bytes

!

version 12.2

no service timestamps log datetime msec

no service timestamps debug datetime msec

no service password-encryption

!

hostname CL3

!

!

!

!

interface FastEthernet0/1

no switchport

ip address 10.1.1.5 255.255.255.252

duplex auto

speed auto

!

interface FastEthernet0/2

no switchport

ip address 10.1.1.9 255.255.255.252

duplex auto

speed auto

!

interface FastEthernet0/3

!

```
interface FastEthernet0/4
!
interface FastEthernet0/5
!
interface FastEthernet0/6
!
interface FastEthernet0/7
!
interface FastEthernet0/8
!
interface FastEthernet0/9
!
interface FastEthernet0/10
!
interface FastEthernet0/11
!
interface FastEthernet0/12
!
interface FastEthernet0/13
!
interface FastEthernet0/14
!
interface FastEthernet0/15
!
interface FastEthernet0/16
!
interface FastEthernet0/17
!
interface FastEthernet0/18
!
interface FastEthernet0/19
!
interface FastEthernet0/20
```

```
!
interface FastEthernet0/21
!
interface FastEthernet0/22
!
interface FastEthernet0/23
!
interface FastEthernet0/24
!
interface GigabitEthernet0/1
no switchport
ip address 10.1.1.2 255.255.255.252
duplex auto
speed 100
!
interface GigabitEthernet0/2
!
interface Vlan1
 no ip address
 shutdown
!
router ospf 1
log-adjacency-changes
network 10.1.1.0 0.0.0.3 area 0
network 10.1.1.4 0.0.0.3 area 0
network 10.1.1.8 0.0.0.3 area 0
!
ip classless
ip route 0.0.0.0 0.0.0.0 10.1.1.1
!
!
!
!
```

!

!

!

line con 0

line vty 0 4

login

!

!

!

end

3. 楼层交换机L3-1的配置

（1）进入相应的配置层

Switch>en

Switch#conf ter

Enter configuration commands, one per line. End with CNTL/Z.

Switch(config)#

（2）创建VLAN

L3-1(config)# vlan 2

L3-1(config-vlan)#exit

L3-1(config)# vlan 3

L3-1(config-vlan)#exit

（3）进入相应的接口并配置参数

L3-1(config)# int f0/1

L3-1(config-if)# no sw

L3-1(config-if)# ip add 10.1.1.6 255.255.255.252

L3-1(config-if)# exit

（4）给VLAN配置IP地址

L3-1(config)# int vlan 2

L3-1(config-if)# ip add 192.168.2.1 255.255.255.252

L3-1(config)# exit

L3-1(config)# int vlan 3

L3-1(config-if)# ip add 192.168.3.1 255.255.255.252

L3-1(config)# exit

（5）启动0SPF路由进程

L3-1(config-router)# network 10.1.1.4 0.0.0.3 area 0

L3-1(config-router)# network 192.168.2.0 0.0.0.255 area 0

L3-1(config-router)# network 192.168.3.0 0.0.0.255 area 0

L3-1(config-router)# end

（6）查看配置信息

L3-1#show run

Building configuration...

Current configuration : 1378 bytes

!

version 12.2

no service timestamps log datetime msec

no service timestamps debug datetime msec

no service password-encryption

!

hostname L3-1

!

!

!

!

interface FastEthernet0/1

no switchport

ip address 10.1.1.6 255.255.255.252

duplex auto

speed auto

!

interface FastEthernet0/2

!

interface FastEthernet0/3

!

interface FastEthernet0/4

```
!
interface FastEthernet0/5
!
interface FastEthernet0/6
!
interface FastEthernet0/7
!
interface FastEthernet0/8
!
interface FastEthernet0/9
!
interface FastEthernet0/10
!
interface FastEthernet0/11
!
interface FastEthernet0/12
!
interface FastEthernet0/13
!
interface FastEthernet0/14
!
interface FastEthernet0/15
!
interface FastEthernet0/16
!
interface FastEthernet0/17
!
interface FastEthernet0/18
!
interface FastEthernet0/19
!
interface FastEthernet0/20
!
```

```
interface FastEthernet0/21
!
interface FastEthernet0/22
!
interface FastEthernet0/23
!
interface FastEthernet0/24
!
interface GigabitEthernet0/1
!
interface GigabitEthernet0/2
!
interface Vlan1
no ip address
shutdown
!
interface Vlan2
ip address 192.168.2.1 255.255.255.0
!
interface Vlan3
 ip address 192.168.3.1 255.255.255.0
!
router ospf 1
log-adjacency-changes
network 192.168.2.0 0.0.0.255 area 0
network 192.168.3.0 0.0.0.255 area 0
network 10.1.1.4 0.0.0.3 area 0
!
ip classless
!
!
!
!
```

```
!
!
!
line con 0
line vty 0 4
 login
!
!
!
end
```

4. 楼层交换机L3-2 的配置

（1）进入相应的配置层

Switch>en

Switch#conf ter

Enter configuration commands, one per line. End with CNTL/Z.

Switch(config)#

（2）创建VLAN

L3-2(config)# vlan 20

L3-2(config-vlan)#exit

L3-2(config)# vlan 21

L3-2(config-vlan)#exit

（3）进入相应的接口并配置参数

L3-2(config)# int f0/1

L3-2(config-if)# no sw

L3-2(config-if)# ip add 10.1.1.10 255.255.255.252

L3-2(config-if)# exit

（4）给VLAN配置IP地址

L3-2(config)# int vlan 2

L3-2(config-if)# ip add 192.168.20.1 255.255.255.252

L3-2(config)# exit

L3-2(config)# int vlan 21

L3-2(config-if)# ip add 192.168.21.1 255.255.255.252

L3-2(config)# exit

（5）启动OSPF路由进程

L3-2(config-router)# network 10.1.1.4 0.0.0.3 area 0

L3-2(config-router)# network 192.168.20.0 0.0.0.255 area 0

L3-2(config-router)# network 192.168.21.0 0.0.0.255 area 0

L3-2(config-router)# end

（6）查看配置信息

L3-2#show run

Building configuration...

Current configuration : 1385 bytes

!

version 12.2

no service timestamps log datetime msec

no service timestamps debug datetime msec

no service password-encryption

!

hostname L3-2

!

!

!

!

interface FastEthernet0/1

no switchport

ip address 10.1.1.10 255.255.255.252

duplex auto

speed auto

!

interface FastEthernet0/2

!

interface FastEthernet0/3

!

interface FastEthernet0/4

```
!
interface FastEthernet0/5
!
interface FastEthernet0/6
!
interface FastEthernet0/7
!
interface FastEthernet0/8
!
interface FastEthernet0/9
!
interface FastEthernet0/10
!
interface FastEthernet0/11
!
interface FastEthernet0/12
!
interface FastEthernet0/13
!
interface FastEthernet0/14
!
interface FastEthernet0/15
!
interface FastEthernet0/16
!
interface FastEthernet0/17
!
interface FastEthernet0/18
!
interface FastEthernet0/19
!
interface FastEthernet0/20
!
```

```
interface FastEthernet0/21
!
interface FastEthernet0/22
!
interface FastEthernet0/23
!
interface FastEthernet0/24
!
interface GigabitEthernet0/1
!
interface GigabitEthernet0/2
!
interface Vlan1
no ip address
shutdown
!
interface Vlan20
ip address 192.168.20.1 255.255.255.0
!
interface Vlan21
ip address 192.168.21.1 255.255.255.0
!
router ospf 1
log-adjacency-changes
network 192.168.20.0 0.0.0.255 area 0
network 192.168.21.0 0.0.0.255 area 0
network 10.1.1.8 0.0.0.3 area 0
!
ip classless
!
!
!
!
```

```
!
!
!
line con 0
line vty 0 4
login
!
!
!
End
```

5. 终端交换机s2的配置

（1）进入相应的配置层

```
Switch>en
Switch#conf ter
Enter configuration commands, one per line.  End with CNTL/Z.
Switch(config)#
```

（2）创建VLAN，并将端口加入VLAN

```
Switch(config)#vlan 2
Switch(config-vlan)#exit
Switch(config)#inter ran f0/2-24
Switch(config-if-range)#sw access vlan 2
Switch(config)#
```

（3）配置连接上层交换机的端口为trunk类型

```
Switch(config)#inter f0/1
Switch(config-if)#sw mode trunk
Switch(config-if)#end
```

（4）查看配置信息

```
Switch#show run
Building configuration...
Current configuration : 1630 bytes
!
version 12.1
```

no service timestamps log datetime msec

no service timestamps debug datetime msec

no service password-encryption

!

hostname Switch

!

!

!

interface FastEthernet0/1

switchport mode trunk

!

interface FastEthernet0/2

switchport access vlan 2

!

interface FastEthernet0/3

switchport access vlan 2

!

interface FastEthernet0/4

switchport access vlan 2

!

interface FastEthernet0/5

switchport access vlan 2

!

interface FastEthernet0/6

switchport access vlan 2

!

interface FastEthernet0/7

switchport access vlan 2

!

interface FastEthernet0/8

switchport access vlan 2

!

interface FastEthernet0/9

```
switchport access vlan 2
!
interface FastEthernet0/10
switchport access vlan 2
!
interface FastEthernet0/11
switchport access vlan 2
!
interface FastEthernet0/12
switchport access vlan 2
!
interface FastEthernet0/13
switchport access vlan 2
!
interface FastEthernet0/14
switchport access vlan 2
!
interface FastEthernet0/15
switchport access vlan 2
!
interface FastEthernet0/16
switchport access vlan 2
!
interface FastEthernet0/17
switchport access vlan 2
!
interface FastEthernet0/18
switchport access vlan 2
!
interface FastEthernet0/19
switchport access vlan 2
!
interface FastEthernet0/20
```

```
switchport access vlan 2
!
interface FastEthernet0/21
switchport access vlan 2
!
interface FastEthernet0/22
switchport access vlan 2
!
interface FastEthernet0/23
switchport access vlan 2
!
interface FastEthernet0/24
switchport access vlan 2
!
interface GigabitEthernet1/1
!
interface GigabitEthernet1/2
!
interface Vlan1
no ip address
shutdown
!
!
line con 0
!
line vty 0 4
login
line vty 5 15
login
!
!
End
```

6. 终端交换机s3,s20,s21的配置

终端交换机s3,s20,s21的配置同s2类似，请自己完成。

注：以上配置仅供参考，相关服务器的配置不再详述，请根据需要自己完成。由于该项目规模不大，FTP、Web服务器在Windows server 2003服务器系统上搭建。FTP服务器的搭建参考项目一的拓展知识即可完成；Web服务器的搭建，也比较简单，请查验相关资料独自完成。

 操作技巧

在配置终端交换机s2的级联端口为trunk时，对端交换机需要做相应配置吗？这个要根据实际情况，如果对端端口有自适应功能，则不需要配置，否则必须配置。

想一想 练一练

1. 针对以上交换机、路由器配置命令，你明白每条语句的含义吗？如果有不明白的，请写在下面，记住一定要搞清楚每条语句的含义哦。

_____

_____

_____

2. 参考s2交换机的配置，请写出s21交换机的配置。

_____

_____

_____

2.5 系统集成验收

在工程建设中，验收非常重要。验收过程采用分级验收的方法，即将综合布线工程和网络互连设备分开进行。验收网络互联设备需根据网络的具体拓扑结构和应用的具体技术类型进行，并对测试的结果进行记录。对综合布线系统的验收，主要包括以下内容：

（1）所有语音、数据设备的布线组合在一个项目中应用一套标准。

（2）标识清楚。标识主要有以下类别：通道标识、空间标识、电缆标识、端接硬件标识、接地标识。其中对日常维护最重要的是电缆标识，应当注意的是，标识得越细致，日常维护越方便。其中，设备间标识尤为重要，垂直、水平、光缆，甚至于房间的端接面板都应标识清楚。

（3）线缆测试。综合布线系统采用异步传输非屏蔽双绞线方案，传输距离不能超过100m，当不能满足要求时，应采用光缆。但实际施工中，线缆参数由于多种原因不一定满足要求，因此必须进行验收测试。对于光缆，要计算光纤链路衰减极限值，光纤链路衰减极限值（Limit)指该光纤对光信号的最大衰减值，可以使用专用的测试工具，如FLUKE测试仪，测试出光纤链路的衰减值（Loss）。如果Loss小于Limit，则通过测试。

（4）各信息点与配线架、交换机、路由器、服务器之间连通性的测试。

（5）文档检查。系统施工质量的优劣都应体现在验收文档中，所有测试性能都应体现在文档中。其中包括网络规划表、系统拓扑图、配线间配线图表、验收测试文档等。

系统验收的详细验收单如下表2-3所示。

表2-3　学校网络系统集成验收单

项　目	要　求	方　法	检查结果		
			合格	基本合格	备注
安装位置（方向）	合理，有效	现场抽查观察			
安装质量（工艺）	牢固、整洁、美观、规范	现场抽查观察			
线缆连接	通信电缆一线到位，接插件可靠，电源线与信号线、控制线分开，走向顺直，无扭绞	复核、抽查或对照图纸资料			
通电	工作正常	现场通电检查			
设备、机架	安装平稳、合理	现场观察体会			
机架电缆线扎及标识	整齐，有明显编号、标识	现场观察			
电源引入线缆标识	引入线端标识明显、牢靠	现场观察			
明敷管线	牢固美观、无抗干扰	现场观察			
接线盒、线缆接头	垂直与水平交叉处有分线盒，线缆安装固定、规范	现场观察			
交换机配置	版本、用户名、vlan划分、地址、与对端地址的连通性、备份等	现场测试			
路由器配置	版本、用户名、地址、与对端地址的连通性、备份等	现场测试			
服务器配置	WEB主要功能	现场测试			

想—想 练—练

根据上面提到的验收内容，还有其他遗漏的吗？请你为该项目制定一个详细的验收方案。

_____

_____

_____

2.6 项目评价

至此，项目结束了，该项目你完成的如何？对每一个环节都满意吗？请认真完成下面的项目考核表，如表2-4所示。

表2-4 项目考核表

项目名称	办公室网络系统集成						
班级：	姓名：	学号：		指导教师：		日期：	
评价项目	评价标准	评价依据	评价方式		权重	得分	总分
			小组评价（30%）	教师评价（70%）			
职业素质	能够与团队成员合作，合理沟通，接受任务，协助他人完成工作任务				5%		
	能够按照操作规范，文明施工，安全完成工作任务（布线符合标准，3分；工具使用正确，2分；互连设备安装规范3分；安全事故，2分）				10%		
	能够查阅各类教学资源，能够制定完成任务或项目的方案				5%		
	能够与团队成员共同完成评价，有集体意识和社会责任心				5%		
	能使用计算机制订施工方案、制作PPT				5%		

续表

项目名称	办公室网络系统集成						
班级：	姓名：		学号：	指导教师：		日期：	

评价项目	评价标准	评价依据	评价方式		权重	得分	总分
			小组评价（30%）	教师评价（70%）			
职业技能	能制定合理的网络系统集成规划	1.提交的任务分析表 2.提交的解决方案表 3.网络施工图 4.提交验收方案			7%		
	能正确绘制系统施工图				7%		
	能熟练使用综合布线工具				5%		
	能正确合理地进行施工				5%		
	能对交换机的Vlan（4分）、IP地址（2分）、端口及流量进行配置（2分）				8%		
	能对路由器端口地址（4分），路由及协议进行配置（4分				8%		
	能掌握FTP、DHCP、WEB服务器的工作原理，配置方法（FTP，4分；DHCP，2分；WEB，4分）				10%		
	能掌握系统集成的故障排查方法（综合布线故障2分，服务器故障3分，互连设备故障3分）				8%		
	能正确编写验收报告				5%		
	能制定合理的维护方案（完整性4分，可行性3分）				7%		

想—想 练—练

针对该项目评价表，你认为还有哪些地方需要补充，请写下来？

_____

_____

_____

_____

2.7 项目小结

任务刚刚结束，赶紧做个小结吧！

这是我做的最骄傲的事！

小·提示

主要对工作过程中学到的知识、技能等进行总结！

这是我该反思的内容！

这是我要持续改进的内容！

2.8　训练与提高

　　某单位现有300台计算机，计划增加3个办公室，每个办公室100台计算机，实现正常办公，上班时间不能上网，中午或者下班时间可以接入互联网。除了服务器外，每个办公室之间不能互相访问，但休息时间都可以自由上网。全网中，只有服务器使用固定IP地址，其中DHCP服务器的IP地址为192.168.2.254，其他客户机使用DHCP自动分配IP地址。请规划该项目的主要实现步骤。

_____

_____

_____

_____

_____

_____

2.9　知识拓展

　1.　综合布线子系统的划分

　　综合布线系统指用数据和通信电缆、光缆、各种软电缆及有关连接硬件构成的通用布线系统，它能支持语音、数据、影像和其他信息技术的标准应用系统。目前，综合布线一般有工作区子系统、水平子系统、垂直子系统、管理间子系统、设备间子系统、建筑群子系统等子系统组成。如图2-8所示。

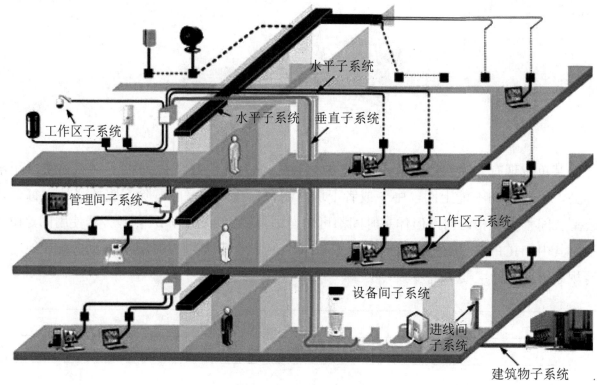

图2-8　综合布线子系统

1）工作区子系统

工作区子系统是指从信息插座延伸到终端设备的整个区域，即一个独立的需要设置终端的区域划分为一个工作区。工作区域可支持电话机、数据终端、计算机、电视机、监视器以及传感器等终端设备。它包括信息插座、信息模块、网卡和连接所需的跳线，并在终端设备和输入/输出（I/O）之间搭接，相当于电话配线系统中连接话机的用户线及话机终端部分。

在工作区子系统的设计方面，必须要注意以下几点。

（1）从RJ45插座到计算机等终端设备间的连线宜用双绞线，且不要超过5m。

（2）RJ45插座宜首先考虑安装在墙壁上或不易被触碰到的地方。

（3）RJ45信息插座与电源插座等应尽量保持20cm以上的距离。

（4）对于墙面型信息插座和电源插座，其底边距离地面一般应为30cm。

2）水平子系统

水平子系统是综合布线组成部分之一，它将垂直子系统线路延伸到用户工作区，实现信息插座和管理间子系统的连接，包括工作区与楼层配线间之间的所有电缆、连接硬件（信息插座、插头、端接水平传输介质的配线架、跳线架等）、跳线线缆及附件。它与垂直子系统的区别是：水平子系统总是在一个楼层上，仅与信息插座、管理间子系统连接。

水平子系统的设计要点如下：

（1）确定介质布线方法和线缆的走向。

（2）双绞线的长度一般不超过90m。

（3）尽量避免水平线路长距离与供电线路平行走线，应保持一定的距离（非屏蔽线缆一般为30cm，屏蔽线缆一般为7cm）

（4）缆线必须走线槽或在天花板吊顶内布线，尽量不走地面线槽。

（5）如在特定环境中布线要对传输介质进行保护，使用线槽或金属管道等。

（6）确定距离服务器接线间距离最近的I/O位置。

（7）确定距离服务器接线间距离最远的I/O位置。

3）管理间子系统

管理间子系统由交连、互联和I/O组成。管理间为连接其他子系统提供手段，它是连接垂直干线子系统和水平干线子系统的设备，其主要设备是配线架、交换机、机柜和电源。在综合布线系统中，管理间子系统包括了楼层配线间、二级交接间、建筑物设备间的线缆、配线架及相关接插跳线等组成。通过综合布线系统的管理间子系统，可以直接管理整个应用系统终端设备，从而实现综合布线的灵活性、开放性和扩展性。

设计原则：

（1）管理间数量的确定

每个楼层一般至少设置1个管理间（电信间）。如果特殊情况下，每层信息点数量较少，且水平缆线长度不大于90m情况下，可以几个楼层合设一个管理间。管理间数量的设置宜按照以下原则：如果该层信息点数量不大于400个，水平缆线长度在90m范围以内，宜设置一个管理间，当超出这个范围时宜设两个或多个管理间。

在实际工程应用中，为了方便管理和保证网络传输速度或者节约布线成本，例如学生公寓，信息点密集，使用时间集中，楼道很长，也可以按照100～200个信息点设置一个管理间，将管理间机柜明装在楼道。

（2）管理间面积

GB50311—2007中规定管理间的使用面积不应小于5m^2，也可根据工程中配线管理和网络管理的容量进行调整。一般新建楼房都有专门的垂直竖井，楼层的管理间基本都设计在建筑物竖井内，面积在3m^{2}左右。在一般小型网络综合布线系统工程中，管理间也可能只是一个网络机柜。

一般旧楼增加网络综合布线系统时，可以将管理间选择在楼道中间位置的办公室，也可以采取壁挂式机柜直接明装在楼道，作为楼层管理间。

管理间安装落地式机柜时，机柜前面的净空不应小于800mm，后面的净空不应小于600mm，方便施工和维修。安装壁挂式机柜时，一般在楼道安装高度不小于1.8m。

（3）管理间电源要求

管理间应提供不少于两个220V带保护接地的单相电源插座。管理间如果安装电信管理或其它信息网络管理时，管理供电应符合相应的设计要求。

（4）管理间门要求

管理间应采用外开丙级防火门，门宽大于0.7m。

（5）管理间环境要求

管理间内温度应为10～35℃，相对湿度宜为20％～80％。一般应该考虑网络交换机等设备发热对管理间温度的影响，在夏季必须保持管理间温度不超过35℃。

4）垂直子系统

垂直干线子系统是综合布系统中非常关键的组成部分，它由设备间子系统与管理间子系统的引入口之间的布线组成，采用大对数电缆或光缆。两端分别连接在设备间和楼层配线间的配线架上。它是建筑物内综合布线的主馈缆线，是楼层配线间与设备间之间垂直布放（或空间较大的单层建筑物的水平布线）缆线的统称。

主要包括供各条干线接线间之间的电缆走线用的竖向或横向通道和主设备间与计算机中心间的电缆。垂直干线子系统的任务是通过建筑物内部的传输电缆，把各个服务接线间的信号传送到设备间，直到传送到最终接口，再通往外部网络。

垂直子系统的设计原则：

（1）垂直子系统一般选用光缆，以提高传输速率。

（2）垂直子系统应为星形拓扑结构。

（3）垂直子系统干线光缆的拐弯处不要用直角拐弯，而应该有相当的弧度，以避免光缆受损，干线电缆和光缆布线的交接不应该超过两次，从楼层配线到建筑群配线架间只应有一个配线架。

（4）线路不允许有转接点。

（5）为了防止语音传输对数据传输的干扰，语音主电缆和数据主电缆应分开。

（6）垂直主干线电缆要防遭破坏，确定每层楼的干线要求和防雷电设施。

（7）满足整幢大楼的干线要求和防雷击设施。

设备间子系统是一个集中化设备区，连接系统公共设备及通过垂直干线子系统连接至管理子系统，如局域网（LAN）、主机、建筑自动化和保安系统等。

设备间子系统是大楼中数据、语音垂直主干线缆终接的场所；也是建筑群的线缆进入建筑物终接的场所；更是各种数据语音主机设备及保护设施的安装场所。设备间子系统一般设在建筑物中部或在建筑物的一、二层，避免设在顶层或地下室，位置不应远离电梯，而且为以后的扩展留下余地。建筑群的线缆进入建筑物时应有相应的过流、过压保护设施。

5）设备间子系统

设备间子系统空间要按ANSL/TLA/ELA—569要求设计。设备间子系统空间用于安装电信设备、连接硬件、接头套管等。为接地和连接设施、保护装置提供控制环境；是系统进行管理、控制、维护的场所。设备间子系统所在的空间还有对门窗、天花板、电源、照明、接地的要求。

设备间子系统的设计原则如下：

（1）配线架的配线对数由所管理的信息点数决定。

（2）进出线路以及跳线应采用色表或者标签等进行明确标识。

（3）配线架一般由光配线盒和铜配线架组成。

（4）供电、接地、通风良好、机械承重合适，保持合理的温度、湿度和亮度。

（5）有交换器、路由器的地方要配有专用的稳压电源。

（6）采取防尘、防静电、防火和防雷击措施。

6）进线间子系统

进线间是建筑物外部通信和信息管线的入口部位，并可作为入口设施和建筑群配线设备的安装场地。进线间是GB50311国家标准在系统设计内容中专门增加的，要求在建筑物前期系统设计中要有进线间，满足多家运营商业务需要，避免一家运营商自建进线间后独占该建筑物的宽带接入业务。进线间一般通过地埋管线进入建筑物内部，宜在土建阶段实施。

（1）进线间应防止渗水，宜设有抽排水装置。

（2）进线间应与布线系统垂直竖井沟通。

（3）进线间应采用相应防火级别的防火门，门向外开，宽度不小于1000mm。

（4）进线间应设置防有害气体措施和通风装置，排风量按每小时不小于5次容积计算。

（5）进线间如安装配线设备和信息通信设施时，应符合设备安装设计的要求。

（6）与进线间无关的管道不宜通过。

7）建筑群子系统

建筑群子系统也称为楼宇子系统，主要实现楼与楼之间的通信连接，一般采用光缆并配置相应设备，它支持楼宇之间通信所需的硬件，包括缆线、端接设备和电气保护装置。设计时应考虑布线系统周围的环境，确定楼间传输介质和路由，并使线路长度符合相关网络标准规定。

建筑群子设计原则：

（1）考虑环境美化要求

建筑群主干布线子系统设计应充分考虑建筑群覆盖区域的整体环境美化要求，建筑群干线电缆尽量采用地下管道或电缆沟敷设方式。

（2）考虑建筑群未来发展需要

线缆布线设计时，要充分考虑各建筑需要安装的信息点种类、信息点数量，选择相对应的干线电缆的类型以及电缆敷设方式，使综合布线系统建成后，保持相对稳定，能满足今后一定时期内各种新的信息业务发展需要。

（3）线缆路由的选择

考虑到节省投资，线缆路由应尽量选择距离短、线路平直的路由。但具体的路由还要根据建筑物之间的地形或敷设条件而定。在选择路由时，应考虑原有已铺设的地下各种管道，线缆在管道内应与电力线缆分开敷设，并保持一定间距。

（4）电缆引入要求

建筑群干线电缆、光缆进入建筑物时，都要设置引入设备，并在适当位置终端转换为室内电缆、光缆。引入设备应安装必要保护装置以达到防雷击和接地的要求。干线电缆引入建筑物时，应以地下引入为主，如果采用架空方式，应尽量采取隐蔽方式引入。

（5）建筑群子系统布线线缆的选择

建筑群子系统敷设的线缆类型及数量由综合布线连接应用系统种类及规模来决定。一般来说，计算机网络系统常采用光缆作为建筑物布线线缆，在网络工程中，经常使用62.5μm/125μm（62.5μm是光纤纤芯直径，125μm是纤芯包层的直径）规格的多模光缆，有时也用50μm/125μm和100μm/140μm规格的多模光纤。户外布线大于2km时可选用单模光纤。

电话系统常采用3类大对数电缆作为布线线缆，3类大对数双绞线是由多个线对组合而成的电缆，为了适合于室外传输，电缆还覆盖了一层较厚的外层皮。

有线电视系统常采用同轴电缆或光缆作为干线电缆。

（6）电缆线的保护

当电缆从一建筑物到另一建筑物时，要考虑易受到雷击、电源碰地、电源感应电压或地电压上升等因数，必须用保护这些线对。如果电气保护设备位于建筑物内部（不是对电信公用设施实行专门控制的建筑物），那么所有保护设备及其安装装备都必须有UL安全标记。

2. 交换机相关命令及功能

（1）层次切换指令

En //进入特权层；

Conf ter //进入全局配置层；

Interface f0/1 //进入接口配置子模式；

line vty 0 4 //进入线路配置层；

interface vlan ID //进入VLAN接口子模式

Exit //退出一层；

End //从所有非普通层退到特权层；

（2）VLAN相关指令

vlan ID //创建vlan；

switchport mode access //access模式；

switchport mode trunk //trunk模式；

switchport access vlan ID//加入vlan；

switchport trunk allow vlan ID //trunk口允许的VLAN列表；

（3）IP地址相关指令

ip address X.x.x.x y.y.y.y //配置主IP地址与子网掩码；

ip address x.x.x.x y.y.y.y sec //配置辅助IP地址与子网掩码；

no IP address //取消配置的IP地址；

（4）路由相关指令

ip route 0.0.0.0 0.0.0.0 nexthop //配置缺省路由，nexthop是一个IP地址，为本机的对端接口的IP地址；

ip route 目的地址段（网络地址） 子网掩码 nexthop //配置静态路由。注意，这里写的是目的地址段而不是单一的一个IP地址。

（5）系统相关指令

enable sec le 1 0 password //配置telnet登录密码；

enable sec le 15 0 password //配置enable密码；

hostname 主机名 //配置设备的主机名；

clock set //配置系统的时钟；

reload //重启设备；

reboot //重启设备，cisco防火墙有效。

shutdown //关闭；

no shutdown //打开。

（6）配置文件与主程序操作相关指令

copy run start （write）//保存配置文件；

copy flash:config.text tftp //上传配置文件到tftp服务器；

copy tftp flash //从tftp服务器下载文件，可以是配置文件，也可以是主程序；

copy start run //把备份文件复制到内存并执行，注：只有cisco设备有效；

delete flash:config.text //删除配置文件；

write erase //删除配置文件，cisco设备有效；

dir //列表设备内的程序及目录。

（7）访问控制列表

access-list stan acl_name//配置标准访问控制列表；

access-list ext acl_name //配置扩展访问控制列表；

per ××× //允许规则；

deny ××× //拒绝规则；

ip access acl_name in/out//在接口上应用相应的访问列表。

（8）常用查看指令

show version //查看设备的版本号；

show run //查看当前使用的配置文件；

show start //查看启动时用到的配置文件；

show ip route //查看路由表；

show vlan //查看VLAN相关信息；

show interface //查看接口相关信息；

2. 路由器相关命令及功能

（1）层次切换指令

En //进入特权层；

Conf ter //进入全局配置层；

Interface f0/1 //进入接口配置子模式；

line vty 0 4 //进入线路配置层；

interface vlan ID //进入VLAN接口子模式

Exit //退出一层；

End //从所有非普通层退到特权层；

（2）IP地址相关指令

ip address x.x.x.x y.y.y.y //配置主IP地址与子网掩码；

ip address x.x.x.x y.y.y.y sec //配置辅助IP地址与子网掩码；

no IP address //取消配置的IP地址；

（3）路由相关指令：

ip route 0.0.0.0 0.0.0.0 nexthop //配置缺省路由，nexthop是一个IP地址，为本机对端接口的IP地址；

ip route 目的地址段（网络地址） 子网掩码 nexthop //配置静态路由。注意，这里写

的是目的地址段而不是单一的一个IP地址。

（4）系统相关指令

hostname 主机名 //配置设备的主机名；

clock set //配置系统的时钟；

reload //重启设备；

reboot //重启设备，cisco防火墙有效。

shutdown //关闭；

no shutdown //打开；

enable sec 0 password//配置telnet密码；

line vty 0 4 / password 0 password/login //配置telnet登录密码。

（5）配置文件与主程序操作相关指令

copy run start (write) //保存配置文件；

copy flash:config.text tftp //上传配置文件到tftp服务器；

copy tftp flash //从tftp服务器下载文件，可以是配置文件，也可以是主程序；

copy start run //把备份文件复制到内存并执行，注：只有cisco设备有效；

delete flash:config.text //删除配置文件；

write erase //删除配置文件，cisco设备有效；

dir //列表设备内的程序及目录。

（6）访问控制列表相关

ip access 1-99 per/deny ...//标准访问控制列表；

ip access 100-199 per/deny ...//扩展访问控制列表；

access-group 列表号 in/out //应用访问控制列表。

（7）NAT相关

ip nat outside //定义接外网的接口；

ip nat inside //定义接内网的接口；

ip nat inside source list 列表号 pool 地址池名 //启用动态NAT；

ip nat inside source list 列表号 int 外网口//启用动态NAPT；

ip nat inside source static 内网服务器IP地址 外网全局地址 //静态NAT；

ip nat inside source static tcp/udp 内网服务器IP 端口号 外网接口IP地址 端口号 //动态NAPT；

ip nat pool ... //定义地址变换地址池。

（8）接口相关指令

interface ser //进入同步口；

interface fas //进入以太口;

encap ppp/hdlc //在同步口上封装协议;

clock rate...//DCE设备提供时钟;

username ...//配置本地用户名与密码;

ppp auth paP //使用pap认证方式;

ppp auth chap //使用chap认证方式;

ppp pap sent ...//客户端发起pap认证;

ppp chap hostname //chap 客户端发起认证;

ppp chap password //chap 客户端发起认证。

（9）常用查看指令

show version //查看设备的版本号;

show run //查看当前使用的配置文件;

show start //查看启动时用到的配置文件;

show ip route //查看路由表;

show interface //查看接口相关信息;

show ip nat tr //查看NAT转换。

项目三

某大型公司网络系统集成

本项目以一个大型公司的网络系统集成为例，重点从网络整体规划，综合布线设计，交换机、路由器选型及配置，服务器解决方案，工程实施及验收等方面进行详细的分析，并最终实现该大型公司的网络系统集成目标。

表3-1 工程派工单

×××有限责任公司			派工日期　年　月　日
客户名称		所属项目	办公室网络系统集成
联系人		联系方式	
施工地点		派工时间	5天
工程主要任务： 1.某大型公司网络集成需求分析与设计 2.综合布线、设备安装及调试 3.系统验收 4.用户培训 5.工程文档移交 是否需要勘察现场：　　是			
备注：			
指派工程师	×××	项目经理	

3.1 任务描述

来了解一下任务吧！

某大型企业拥有四个园区，分别命名为园区A、园区B、园区C与园区D。每个园区都有不同的职能部门，并且每个园区的信息点数都将近300个。在网络中心，使用一台高端路由器做出口互连设备，连接到互联网。同时，在路由器上实现地址转换（NAT）功能，并通过电信光纤接入互联网。在正常情况下，园区内的计算机访问互联网使用电信线路，电信给本企业的全局IP地址为：212.118.1.0/29。

　　该大型公司网络系统集成主要建设一个企业信息系统，它以管理信息为主体，连接生产、销售、维护、运营子系统，是一个面向该公司的日常业务、立足生产、面向社会，辅助领导决策的计算机信息网络系统。

　　本项目的目标是建立如下系统。

　　（1）构造一个既能覆盖本地又能与外界进行网络互通、共享信息、展示企业信息化的计算机网络系统。

　　（2）选用技术先进、具有容错能力的网络产品，在投资和条件允许的情况下也可采用结构容错的方法。

　　（3）完全符合开放性规范，将业界优秀的产品集成于该综合网络平台之中。

　　（4）具有较好的可扩展性，为今后的网络扩容作好准备。

　　（5）采用OA办公，做到集数据、图像、声音三位一体，提高企业管理效率、降低企业信息传递成本。

　　（6）整个公司计划采用光纤接入到运营商提供的Internet，公司只提供一个出口，便于控制网络安全。

　　（7）设备选型要求在技术上具有先进性，通用性，且必须便于管理，维护。应具备未来良好的可扩展性，可升级性，保护公司的投资。设备要在满足该项目功能和性能的基础上还应具有良好的性价比。设备的选型以拥有足够实力和市场份额的主流产品为主，同时也要有良好的售后服务。

　　在开始该项项目前，首先明确客户的要求，提出自己的专业意见，然后根据客户需求进行分析设计、施工、验收。在设计过程中一定要结合现场的实际情况，满足用户的需求，最终完成任务。

3.2　背景知识储备

首先让我们去看看工作的环境吧！

图3-1 SC头

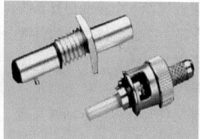

图3-2 ST头

图3-3 FC头

图3-4 耦合器

图3-5 光纤面板

图3-6 光纤LC头
（用于接入交换机SFP光纤模块）

图3-7 光纤尾纤

图3-8 LC光纤跳线

图3-9 GBIC光模块

图3-10 光纤终端盒/配线架

图3-11 熔接机

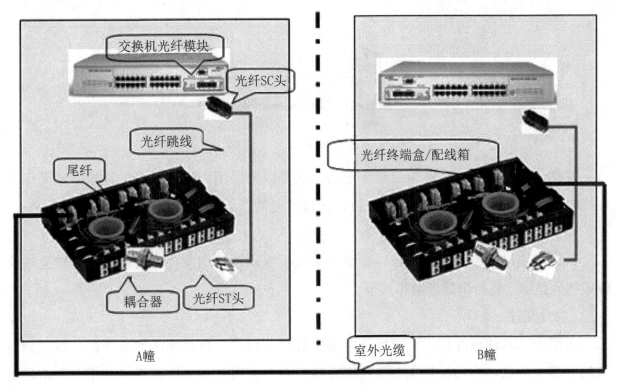

图3-12 光纤实物连接图

想一想 练一练

1.从以上图片来看，你认为需要进行哪方面的知识储备？

_____

_____

_____

_____

2.你认为通过哪些途径可以学习到以上知识？

_____

_____

_____

_____

3.你对以上知识你感兴趣吗？如果有兴趣，你打算如何学习它们？

_____

_____

_____

_____

根据该公司的要求，在项目设计上力求做到既要采用国际上先进的技术，又要保证系统的安全可靠性和实用性。具体来讲，其设计遵循以下原则。

（1）先进性

系统的主机系统、网络平台、数据库系统、应用软件均应使用目前国际上较先进、较成熟的技术，符合国际标准和规范。

（2）标准性

所采用技术的标准化，可以保证网络发展的一致性，增强网络的兼容性，以达到网络的互连与开放。为确保将来不同厂家设备、不同应用、不同协议连接，整个网络从设计、技术和设备的选择，必须支持国际标准的网络接口和协议，以提供高度的开放性。

（3）兼容性

跟踪世界科技发展动态，网络规划与现有光纤传输网及将要改造的网络有良好的兼容，在采用先进技术的前提下，最大可能地保护已有投资，并能在已有的网络上扩展多种业务。

（4）可升级和可扩展性

随着技术不断发展，新的标准和功能不断增加，网络设备必须可以通过网络进行升级，以提供更先进、更多的功能。在网络建成后，随着应用和用户的增加，核心骨干网络设备的交换能力和容量必须能作出线性的增长。设备应能提供高端口密度、模块化的设计以及多种类接口、技术的选择，以方便未来更灵活的扩展。

（5）安全性

网络的安全性对网络设计是非常重要的，合理的网络安全控制，可以使应用环境中的信息资源得到有效的保护，可以有效的控制网络的访问，灵活的实施网络的安全控制策略。在企业园区网络中，关键应用服务器、核心网络设备，只有系统管理人员才有操作、控制的权力。应用客户端只有访问共享资源的权限，网络应该能够阻止任何的非法操作。在园区网络设备上应该可以进行基于协议、基于Mac地址、基于IP地址的包过滤控制功能。在大规模园区网络的设计上，划分虚拟子网，一方面可以有效的隔离子网内的大量广播，另一方面隔离网络子网间的通讯，控制了资源的访问权限，提高了网络的安

3.3 任务分析

全性。在设计园区网的原则上必须强调网络安全控制能力，使网络可以任意连接，又可以从第二层、第三层控制网络的访问。

（6）可靠性

本系统是7×24小时连续运行系统，从硬件和软件两方面来保证系统的高可靠性。硬件可靠性，通过系统的主要部件采用冗余结构来实现；软件可靠性，通过充分考虑异常情况的处理及具有强的容错能力来实现。

（7）易操作性

提供中文方式的图形用户界面，简单易学，方便实用。

（8）可管理性

网络的可管理性要求：网络中的任何设备均可以通过网络管理平台进行控制，网络的设备状态，故障报警等都可以通过网管平台进行监控，通过网络管理平台简化管理工作，提高网络管理的效率。

3.3.1 综合布线需求分析

该项目包括公司总部办公楼和4分公司园区，它们之间的距离已超过双绞线布线的技术要求，因此采用光纤进行布线。由于涉及的建筑物较多，规模较大，应此将其定位为智能化园区综合布线系统。

园区的综合布线系统是一个高标准的布线系统，水平系统和工作区采用超五类双绞线，主干采用光纤，构成主干千兆以太网。不仅能满足现有数据、语音、图像等信息传输的要求，也为今后的发展奠定基础。整个园区一共有1200个左右信息点，即每分公司各有300个左右。针对以上要求，对计算机内网综合布线系统提出自己的解决方案。

建筑群间的光缆采用多模光纤系统，大楼内的布线采用AVAYA的超五类双绞线结构化布线系统。

（1）综合布线系统的结构

综合布线系统的部分结构，如图3-13所示：

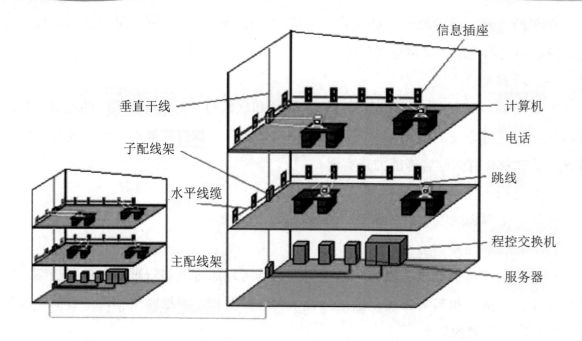

图3-13　综合布线部分结构图

为了满足该公司将来灵活组网的需要，在该总部办公楼、各园区分公司的建筑物内都设有配线间。整个园区设备间机房安置在总部大楼的10楼，各园区分公司的机房安置在各分公司的一楼。

为充分满足该公司内部及对外高速高容量信息通信的需要，系统采用高速高容量的多模光纤作为园区的网络主干。在各个园区之间，采用高速大容量光纤建设该公司的园区主干网络，建筑物内采用先进的超五类非屏蔽布线系统。

根据技术规范，选用高性能UTP非屏蔽系统，传输参数可达到200MHz，本方案建议采用AVAYA超五类UTP产品，其传输带宽可达200MHZ以上，支持新的千兆以太网、2.4Gbps ATM及高达550MHZ的宽带语音应用，为今后新的高速网络应用留有充足的性能余量。

根据综合布线国际标准ISO 11801的定义，工作区子系统、水平干线子系统、管理子系统、垂直干线子系统、设备间子系统及建筑群子系统构成，方案设计时充分考虑了高度的可靠性、先进性、灵活性、可扩充性、易管理性及性能价格比高等优点。

整个结构化布线系统的布线系统结构如图3-14所示：

—建筑群子系统
—水平子系统
—垂直干线子系统
—工作区子系统
—设备间子系统
—管理子系统

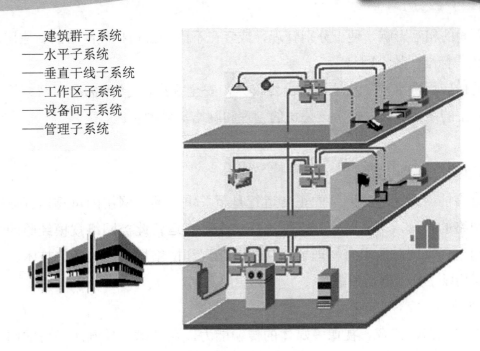

图 3-14 布线系统结构

想一想 练一练

结合上面的分析，想一想本项目用到哪些子系统，这些子系统该如何规划？

_____

_____

_____

_____

3.3.2 网络需求分析

由于四个园区分公司距离公司总部都比较远，其中第一分公司与总部相距5km，第二分公司与总部相距6km，第三分公司与总部相距5km，第四分公司与总部相距8km。为了使该公司的网络具有良好的扩展性且便于管理，易于维护，在网络设计上采用了以下策略。

（1）因特网接入和园区网分离

将因特网接入部分和园区网主体部分分离，每部分完成其自身的功能，可以减少两者之间的相互影响。因特网接入的变化，只影响网络接入，对园区网络没有影响；而园区网络的变化对因特网接入部分影响较小。这样可以增强网络的扩展能力，保持网络层次结构清晰，便于管理和维护。

（2）降低各园区之间的网络关联度

将各个子公司之间的网络的关联度降低到最低的策略，可以最大限度的减少各个子公司网络之间的相互影响，便于分别管理，或者在不同子公司扩展网络的新应用。

（3）统一标准，统一网络

统一的IP应用标准（IP地址，路由协议），安全标准，接入标准和网络管理平台，才能实现真正的统一管理，便于该公司的管理和网络策略的实施。

3.3.3 网络设备选型

稳定可靠的网络对公司网络的正常运行是至关重要的。网络的可靠运行取决于诸多因素，如网络的设计，产品的可靠，而选择一个具有运营此类网络规模经验的网络合作厂商则更为重要，同时要求有物理层、数据链路层和网络层的相关备份技术。结合这些情况，主要从以下几个方面考虑。

1）高带宽

为了支持数据、话音、视像多媒体的传输能力，在技术上要到达当前的国际先进水平。要采用最先进的网络技术，以适应大量数据和多媒体信息的传输，既要满足目前的业务需求，又要充分考虑未来的发展，为此应选用高带宽的先进技术。

2）易扩展

系统要有可扩展性和可升级性，随着业务的增长和应用水平的提高，网络中的数据和信息流将按指数增长，需要网络有很好的可扩展性，并能随着技术的发展不断升级。易扩展不仅仅指设备端口的扩展，还指网络结构的易扩展性：即只有在网络结构设计合理的情况下，新的网络节点才能方便地加入已有网络；网络协议的易扩展：无论是选择第三层网络路由协议，还是规划第二层虚拟网的划分，都应注意其扩展能力。QOS（英文全称为"Quality Of Service"，中文名为"服务质量"。）是网络的一种安全机制，是用来解决网络延迟和阻塞等问题的一种技术。保证随着网络中多媒体应用越来越多，这类应用对服务质量要求的较高，本网络系统应能保证QOS，以支持这类应用。

3）安全性

网络系统应具有良好的安全性，由于网络连接园区内部所有用户，安全管理十分重要。应支持VLAN的划分，并能在VLAN之间进行第三层交换时进行有效的安全控制，以保证系统的安全性。

4）易管理

因为上网用户很多，如何管理好他们的通信，做到既保证一定的用户通信质量，又合理的利用网络资源，是建好一个网络所面临的首要问题。

符合IP发展趋势的网络　在当前任何一个提供服务的网络中，对IP的支持服务是最普遍的，而IP技术本身又处在发展变化中，如IpV6，IP QOS，IP Over SONET等新兴的技术不断出现，该公司园区网网络络必须跟紧IP发展的步伐，也就是必须选择处于IP发展领导

地位的网络厂商。基于以上原则，对主要设备做出如下选择。

（1）核心层设备

由于该公司园区网网络发展规模较大，未来需提供多媒体办公、办公自动化、图书资料检索、远程互联、视频会议等复杂的网络应用，为便于管理，我们建议选用的交换机作为网络组建交换设备。选用1台Cisco6509交换机作为主干交换机实现1000M做主干100M到桌面的需求。

Cisco6509系列交换机支持堆叠技术，将来扩充端口极为灵活方便，不必改变原有网络的任何配置。通过增加堆叠交换机数量或做Port Trunking（端口干路）两种办法均可扩充网络规模；并且实现了本地化交换，改善了整个网络，使整个网络的性能发生了质的变化。选用千兆光纤模块，与主干上联，实现主干的千兆传输。Cisco6509系列交换机支持网管和堆叠，可以很容易地根据需要，通过堆叠扩充端口数量。另外，Cisco6509系列交换机建立在一个功能强大且绝对无阻塞的32G交换背板上，可以保证堆叠中的所有端口间实现无阻塞的线速交换。

此外，Cisco6509交换机，在安装千兆光纤模块的同时，还可以安装百兆光纤模块，完全可以适应现在或将来的楼内光纤布线，灵活性很强。

（2）汇聚层设备

考虑到该公司要求每个子公司（即园区）的网络自成体系，单个子公司的局域网广播数据流不能扩展到全网，单个子公司的网络故障不应该扩展到全网，汇聚层交换机也应该采用具有路由功能的多层交换机，以达到网络隔离和分段的目的。子公司的主交换机负责子公司内部的网络数据交换和该公司园区网的其他路由。

汇聚层设备选择CISCO公司的Catalyst3550系列的交换机，每个子公司的主交换机选择WS-C3550-48-EMI交换机。Catalyst3550是一个新型的可堆叠的，多层次级交换机系列的以太网交换机，可以提高水平的可用性，可扩展性，服务质量（QOS），安全性和可改进网络运营的管理能力，从而提高网络的运行效率。

Catalyst 3550系列包括一系列快速以太网和千兆位以太网配置，可以用全套千兆位接口转换器（GBIC）设备提供强大的千兆位以太网连接；并将CISCO IOS软件中的一套第2～4层功能——IP路由、QOS、限速、访问控制列表（ACL）和多播服务扩展到边缘，堪称一款适用于企业和城域应用的强大选择。用户第一次可以在整个网络中部署智能化的服务，例如先进的服务质量、速度限制、CISCO安全访问控制列表、多播管理和高性能的IP路由，并同时保持了传统LAN交换的简便性。通过高性能的IP路由实现了网络的可扩展性，利用基于硬件的IP路由和增强型多层软件镜像，Catalyst 3550系列交换机可以在所有端口上提供高达17Mpps的线速路由；基于CISCO快速转发（CEF）的路由架构有助于提高可扩展性和性能，该体系结构支持极高速的搜索功能，并可确保必要的稳定性和可扩展性，以满足未来的需求。凭借内置CISCO集群管理套件，Catalyst 3550 系列交换机可简化网络的部署。

WS-C3550-48-EMI交换机，有48个10/100和两个基于GBIC的1000BaseX端口，通过使用多层软件镜像（EMI），可以提供路由和多层交换功能，满足三层交换需求。可以满足服务器群的高密度，高速率的接入需要，也可以满足因特网接入的需求。

（3）接入层设备

接入层交换机放置于楼层的设备间，用于终端用户的接入。应该能够提供高密度的接入，对环境的适应能力强，运行稳定。

楼层接入设备选择CISCO公司的WS-C2950-48-EI智能以太网交换机。

WS-C2950-48-EI交换机属于Catalyst2950系列智能交换机。Catalyst 2950系列是固定的配置，可堆叠的独立设备系列，提供了线速快速以太网和千兆位以太网连接。Catalyst2950系列是同款最廉价的CISCO交换机产品系列，为中型网络和城域接入应用边缘提供了智能服务，可以为局域网提供极佳的性能和功能。这些独立的10/100自适应交换机能够提供增强的服务质量（QOS）和组播管理特性，所有的这些都由易用，基于WEB的CISCO集群管理套件（CMS）和集成CISCOIOS软件来进行管理。带有100BASE上行链路的Catalyst2950交换机，可为中等规模的公司和企业分支机构办公室提供理想的解决方案，以使他们能够拥有更高性能的千兆以太网主干。

WS-C2950-48-EI交换机，有48个10/100端口，两个基于千兆接口转换器（GBIC）的1000BaseX端口，能够为用户提供千兆的光纤骨干和高密度的接入端口；具有高达13.6Gbps的背板带宽，能够提供10.1Mpps的转发速率；增强型的IOS，能够支持250个VLAN，提供安全、QOS、管理等各方面的智能交换服务。

3.3.4 系统总体需求分析

本项目的实施目的是在公司内部建立稳定，高效的办公自动化网络，通过项目的实施，为所有员工配置桌面PC，使所有员工能够通过总部网络进入internet，从而提高所有员工的工作效率和加快企业内部信息的传递。同时需要建立WEB服务器，用于在互联网上发布企业信息。在总部和各园区均设立专用服务器，使公司内所有员工能够利用服务器方便的访问公共文件资源，并能够完成企业内部邮件的收发。系统建立完成后，要求能满足企业各方面的应用需求，包括办公自动化，邮件收发，信息共享和发布，员工帐户管理，系统安全管理等。

随着公司近年来的高速发展，公司的业务已经涉及到各个商业领域，公司内部的组织结构也日益复杂，在本项目的设计实施过程中，要求工程实施方案在规划系统设计时充分考虑到企业管理的需求，设计合理的系统管理结构，能够很大程度的降低集团在系统管理上的成本，并能满足各种商务工作的需求，具体设计应依据以下原则。

（1）清晰的逻辑结构

要求公司范围内的系统管理结构清晰，层次分明，能够充分与公司的管理结构相吻合。公司总部和各个分公司应是相互独立的管理单元，各个单位在自己公司范围内实现用户账户及网络安全的管理。总部管理员有权管理各个子公司的系统。

（2）便于管理

整个系统设计要便于网络管理员的管理，在系统中提供便于管理员管理的各种有效方式。使管理员在任何一个位置均能对服务器进行维护和管理。集团总部及各分公司都有专职系统管理员，应保障管理员只对本公司具有管理权限。总部管理员对集团所有系统有管理权限。

（3）简单的设计

在保障满足需求的前提下，设计方案应简单为佳，避免由于复杂的设计增加工程实施难度和增加集团系统管理的复杂性。

（4）合理的用户管理

所有的用户采用统一的命名规则，每个单位对本单位员工帐户进行独立的管理，并按不同部门管理账号。

综上所述，在该公司园区网网络的建设中，主干网选择何种网络技术对网络建设的成功与否起着决定性的作用。选择适合该公司园区网网络需求特点的主流网络技术，不但能保证网络的高性能，还能保证网络的先进性和扩展性，能够在未来向更新技术平滑过渡，保护用户的投资。根据该公司实际情况，主干网络可选用千兆以太网技术。

想一想 练一练

网络设备选型，主要考虑哪些原则？

_____

_____

_____

让我们按下面的步骤完成本项目的实施操作吧!

3.4.1 勘查现场

对于该大型项目,接到任务后,首先要到现场了解情况,包括总部和各园区,以及各园区距离总部的距离。通过实地考察,确定总部中心机房及各园区机房的位置,电源、接地线等配套设施是否到位,详细统计总部、各园区信息点的分布及个数,交换机、路由器的数量、摆放位置,所需线缆、管材的型号及数量等,为进一步绘制拓扑图及系统集成施工做准备工作。详细勘测情况如下。

(1)察看各楼层、走廊和房间、电梯厅、大厅等吊顶的情况,包括吊顶是否可以打开、吊顶高度、吊顶距梁的高度及其他,然后根据吊顶的情况确定水平主干线槽的铺设方法。对于新楼要确定走吊顶上线槽,还是走地面线槽;对于旧楼改造工程须确定水平主干线槽的铺设路线。找到布线系统要用的电缆竖井,看竖井有无楼板,问清同一竖井内有哪些其他线路(包括自控系统、空调、消防、闭路电视、保安监视、音响等系统的线路)。

(2)计算机网络线路可与哪些线路共用槽道,特别注意不要与电话以外的其他线路共用槽道,如果须要共用,要有隔离设施。

(3)如果没有可用的电缆竖井,则要和甲方技术负责人商定垂直槽道的位置,并选择垂直槽道的种类是梯架、线槽还是钢管等。

(4)在主机房,要确定主机配线箱(柜)的安放位置,确定到配线箱的主干线槽的铺设方式,确定主机房有无高架地板,取得层高数据(一般主楼和其他楼梯有所不同,一层和其他层有所不同),确定卫星配线箱的安放位置。

(5)如果在竖井内墙壁上挂装配线箱,要求竖井内有电灯,并且有楼板,而不是直通的。如果是在走廊墙壁上暗嵌配线箱,则要看墙壁是否要贴大理石,是否有墙围要做特别处理,是否离电梯厅或房间门太近影响美观。

(6)确定到卫星配线箱的槽道的铺设方式和槽道种类。

（7）讨论大楼结构方面尚不清楚的问题。一般包括：哪些是承重墙，大楼外墙哪些部分有玻璃幕墙，设备层在哪层，大厅的地面材质，各墙面的处理方法（如喷涂、贴大理石、木墙围等），柱子表面的处理方法（如喷涂、贴大理石、不锈钢包面等）。

3.4.2 画出网络拓扑图

根据前期勘测结果及该公司实际情况的需求分析，绘制本项目部分网络拓扑图如图3-15所示

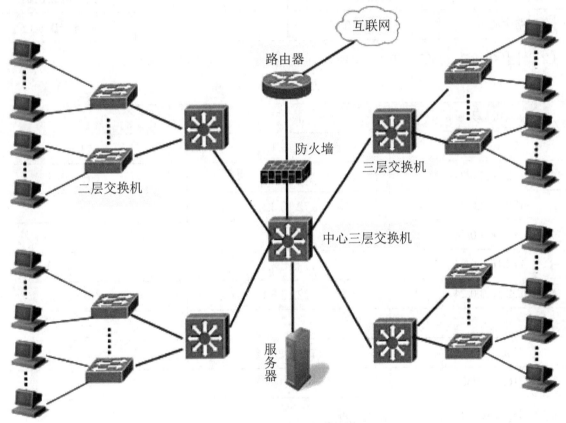

图3-15　网络拓扑图

3.4.3 系统集成规划

1. 网络地址规划

对该公司内的局域网进行VLAN划分，可以减少网络内的广播数据包，提高网络运行效率；可以区分不同的应用和用户，方便公司的管理与维护。具体划分情况如下：

（1）全网IP地址规划表，如表3-2所示。

表3-2　全网IP分布

区域	IP地址段	与核心交换机互联IP	备注
园区A	172.16.0.0/16	10.1.1.0/30	小地址在核心交换机上
园区B	172.17.0.0/16	10.1.1.4/30	小地址在核心交换机上
园区C	172.18.0.0/16	10.1.1.8/30	小地址在核心交换机上
园区D	172.19.0.0/16	10.1.1.12/30	小地址在核心交换机上
网络中心	10.1.1.16/30		接中心路由器
网络中心	172.20.0.0/16		服务器IP地址

（2）园区A的IP分布，如表3-3所示。

表3-3　园区A的IP对应关系

IP网段	网关	VLAN ID
172.16.1.0/24	172.16.1.1	11
172.16.2.0/24	172.16.2.1	12
172.16.3.0/24	172.16.3.1	13
172.16.4.0/24	172.16.4.1	14
172.16.5.0/24	172.16.5.1	15
172.16.6.0/24	172.16.6.1	16
…	…	…
172.16.255.0	172.16.255.1	
10.1.1.0/30	10.1.1.1	

（3）园区B的IP分布，如表3-4所示。

表3-4　园区B的IP对应关系

IP网段	网关	VLAN ID
172.17.1.0/24	172.17.1.1	11
IP网段	网关	VLAN ID
172.17.2.0/24	172.17.2.1	12
172.17.3.0/24	172.17.3.1	13
172.17.4.0/24	172.17.4.1	14
172.17.5.0/24	172.17.5.1	15
172.17.6.0/24	172.17.6.1	16

IP网段	网 关	VLAN ID
...	...	...
172.17.255.0	172.17.255.1	
10.1.1.4/30	10.1.1.5	

（4）园区C的IP分布，如表3-5所示。

表3-5　园区C的IP对应关系

IP网段	网 关	VLAN ID
172.18.1.0/24	172.18.1.1	11
172.18.2.0/24	172.18.2.1	12
172.18.3.0/24	172.18.3.1	13
172.18.4.0/24	172.18.4.1	14
172.18.5.0/24	172.18.5.1	15
172.18.6.0/24	172.18.6.1	16
...	...	... ...
172.18.255.0	172.18.255.1	
10.1.1.8/30	10.1.1.9	
10.1.1.4/30	10.1.1.5	

（5）园区D的IP分布，如表3-6所示。

表3-6　园区D的IP对应关系

IP网段	网 关	VLAN ID
172.19.1.0/24	172.19.1.1	11
172.19.2.0/24	172.19.2.1	12
172.19.3.0/24	172.19.3.1	13
172.19.4.0/24	172.19.4.1	14
172.19.5.0/24	172.19.5.1	15
172.19.6.0/24	172.19.6.1	16
...	...	...
172.19.255.0	172.19.255.1	
10.1.1.12/30	10.1.1.13	

2.网络安全规划

该公司园区网有约1200用户，网络规模比较大，并且和因特网存在连接。为了保障网络系统的运行安全，保护公司的信息安全，必须进行网络安全方面的规划和实施。

一个网络的安全，首先要有严格和有效执行的管理制度。建议该公司制定严格的网络安全管理策略，并有效的执行。其次，必须具有一定的技术手段来保障网络的安全，技术和管理手段相结合实施，才能够产生良好的效果。

通过以下几个技术方面的实施，可以在一定程度上保障网络的安全。

（1）提高设备的物理安全性。

（2）配置设备的口令。

（3）园区网用户的接入控制。

（4）应用系统的访问控制。

（5）因特网的接入安全控制。

3.服务器规划

本项目的WEB、FTP服务器采用Windows Server 2003自带的服务器，微软Windows Server 2003中的IIS 6.0为用户提供了集成的、可靠的、可扩展的、安全的及可管理的局域网和互联网Web服务器解决方案。IIS 6.0经过改善的结构可以完全满足绝大多数客户的需求。

IIS 6.0 和 Windows Server 2003在网络应用服务器的管理、可用性、可靠性、安全性、性能与可扩展性方面提供了许多新的功能。IIS 6.0同样增强了网络应用的开发与国际性支持。IIS 6.0和 Windows Server 2003提供了最可靠的、高效的、连接的、完整的网络服务器解决方案。

IIS 6.0已经经过了广泛的重新设计，以提高Web服务器的可靠性和可用性。新的容错进程架构和其他功能特性可以帮助用户减少不必要的停机时间，并提高应用程序的可用性。

想一想 练一练

系统集成规划，主要考虑哪些方面的规划？针对本项目，你觉得还需要对哪些细节方面进行规划？

_____

_____

_____

_____

3.4.4 系统集成施工

1.施工流程

根据前面的现场勘查、网络拓扑及网络规划，进行工程施工，施工流程如下：

（1）确定信息节点个数及位置（包括信息点离地高度等）。

（2）确定交换机房位置。

（3）预算网线及各宽度的线盒长度。

（4）从信息节点开始布线。建议位置差不多的信息点同时进行布线，然后汇集到总干路。再进入交换机房。

（5）设置信息点信息模块。

（6）配线架模块制作。

（7）连接网线。

（8）测试各信息点与交换机的通信信号。

（9）各楼宇间如果用光纤连接的话，要注意光纤的走线。

2.注意事项

在施工过程中，应注意以下事项：

（1）仔细查阅其他专业的施工图纸

在施工前，必须仔细查阅其他专业的施工图纸，尤其是土建结构施工图、水、电、通风施工图。因为水平路由的长短将会对设计的等级有一定的影响，而土建结构施工图、水、电、通风施工图对水平布线子系统管线路由的走向影响最大。在审图时，建议用比例尺在图纸上认真测量，为水平布线子系统找出最合理的路由走向，这样既节省水平线缆的长度，又避免与其他专业管路发生冲突，由于电气专业管线不可避免的要与其他各专业管路交叉重叠，发生矛盾的现象，给土建专业带来地面超高等问题。综合布线一般由专业公司负责安装调试，施工方仅做管路预埋、线缆敷设，如果在施工中敷衍了事，不遵循"管线路由最短"的原则，就会增加水平布线子系统管线的长度，不利于提高综合布线系统的通信能力、不利于通信系统的稳定性、不利于通信传输速率的提高。

（2）建议在施工中应满足设计余量

因为在实际施工中，不可能使水平线缆一直保持直线路由，所以实际安装中，需要的线缆总会比图纸上统计的量大的多，这就需要电气工程师考虑一定的余量。余量的计算方法是将一张平面图纸上离配线架最远的信息点的线缆图纸长度（图纸上用比例尺量出的长度），和最近的信息点的线缆图纸长度相加，除以2，得出的数值为信息点的平均图纸长度，取平均长度的30%作为余量。否则就会造成不必要的材料浪费或不足。

（3）采用质量可靠的管路和线缆，以避免日后的麻烦

在大多数设计中，水平布线子系统是被设计在吊顶、墙体或底板内的，所以可以认为水平子系统是不可更改、永久的系统。在安装中，应尽量使用性能优良、质量可靠的管路和线缆，保证用户日后不破坏建筑结构。

（4）严格遵守综合布线系统规范

良好的安装质量，可以使水平布线子系统在其工作周期内，始终保证良好工作状态和稳定的工作性能，尤其对于高性能的通信线缆和光纤，安装质量的好坏对系统的开通影响尤其显著，因此在安装线缆中，要严格遵守EIA/TIA569规范标准。

（5）选材标准必须一致

综合布线系统所选用的线缆、信息插座、跳线、连接线等部件，必须与选择的类型一致，如选用超5类标准，则线缆、信息插座、跳线、连接线等部件必须为超5类；如系统采用屏蔽措施，则系统选用的所有部件均为屏蔽部件，只有这样才能保证系统屏蔽效果，达到整个系统的设计性能指标。

想一想 练一练

针对以上的施工步骤及注意事项，你认为还有那些细节没有考虑到，请写出来。

_____

_____

_____

_____

3.4.5 网络互连设备配置

1. 路由器配置

```
Router>en
Router#conf ter
Enter configuration commands, one per line.  End with CNTL/Z.
Router(config)#host Cen_r
Cen_r(config)#int f0/0
Cen_r(config-if)#ip add 212.118.1.2 255.255.255.248
Cen_r(config-if)#ip nat outside
Cen_r(config-if)#exit
Cen_r(config-if)#ip nat outside
```

Cen_r(config-if)#exit

Cen_r(config)#int f4/0

Cen_r(config-if)#ip add 10.1.1.13 255.255.255.252

Cen_r(config-if)#ip nat inside

Cen_r(config-if)#exit

Cen_r(config)#access 1 per any

Cen_r(config)#access 2 per any

Cen_r(config)#ip nat ins source list 1 int f0/0

Cen_r(config)#ip nat ins source list 2 int f1/0

Cen_r(config)#ip route 0.0.0.0 0.0.0.0 212.118.1.1

Cen_r(config)#ip route 61.161.0.0 255.255.192.0 212.118.1.1

Cen_r(config)#ip route 172.16.0.0 255.255.0.0 10.1.1.14

Cen_r(config)#ip route 172.17.0.0 255.255.0.0 10.1.1.14

Cen_r(config)#ip route 172.18.0.0 255.255.0.0 10.1.1.14

Cen_r(config)#ip route 172.19.0.0 255.255.0.0 10.1.1.14

Cen_r(config)#ip route 172.20.0.0 255.255.0.0 10.1.1.14

Cen_r(config)#

2. 中心三层交换机配置

Switch>

Switch>en

Switch#conf ter

Enter configuration commands, one per line. End with CNTL/Z.

Switch(config)#hostname Cen_3

Cen_3(config)#inter g1/1

Cen_3(config-if)#no sw

Cen_3(config-if)#ip add 10.1.1.1 255.255.255.252

Cen_3(config-if)#des

Cen_3(config-if)#description Areas_A

Cen_3(config-if)#exit

Cen_3(config)#inter g1/2

Cen_3(config-if)#no sw

Cen_3(config-if)#ip add 10.1.1.5 255.255.255.252

```
Cen_3(config-if)#des

Cen_3(config-if)#description Area_B

Cen_3(config-if)#exit

Cen_3(config)#int

Cen_3(config)#interface g1/3

Cen_3(config-if)#no sw

Cen_3(config-if)#ip add 10.1.1.9 255.255.255.252

Cen_3(config-if)#description Area_C

Cen_3(config-if)#exit

Cen_3(config)#int g1/4

Cen_3(config-if)#no sw

Cen_3(config-if)#ip add 10.1.1.14 255.255.255.252

Cen_3(config-if)#description Area_D

Cen_3(config-if)#exit

Cen_3(config)#int g1/5

Cen_3(config-if)#no sw

Cen_3(config-if)#ip add 10.1.1.17 255.255.255.252

Cen_3(config-if)#description CenR

Cen_3(config-if)#exit

Cen_3(config)#router ospf 1

Cen_3(config-router)#network 10.1.1.0 0.0.0.3 area 0

Cen_3(config-router)#network 10.1.4.0 0.0.0.3 area 0

Cen_3(config-router)#network 10.1.8.0 0.0.0.3 area 0

Cen_3(config-router)#network 10.1.12.0 0.0.0.3 area 0

Cen_3(config-router)#exit

Cen_3(config)#ip route 0.0.0.0 0.0.0.0 10.1.1.13

Cen_3(config)#exit

Cen_3#show run

Cen_3#show running-config

Building configuration...

Current configuration : 1741 bytes

!

version 12.2
```

```
no service timestamps log datetime msec
no service timestamps debug datetime msec
no service password-encryption
!
hostname Cen_3
!
!
!
!
!
interface FastEthernet0/1
description Areas_A
no switchport
ip address 10.1.1.1 255.255.255.252
duplex auto
speed auto
!
interface FastEthernet0/2
description Area_B
no switchport
ip address 10.1.1.5 255.255.255.252
duplex auto
speed auto
!
interface FastEthernet0/3
description Area_C
no switchport
ip address 10.1.1.9 255.255.255.252
duplex auto
speed auto
!
interface FastEthernet0/4
description Area_D
```

```
    no switchport
    ip address 10.1.1.14 255.255.255.252
    duplex auto
    speed auto
!
interface FastEthernet0/5
    description CenR
    no switchport
    ip address 10.1.1.17 255.255.255.252
    duplex auto
    speed auto
!
interface FastEthernet0/6
!
interface FastEthernet0/7
!
interface FastEthernet0/8
!
interface FastEthernet0/9
!
interface FastEthernet0/10
!
interface FastEthernet0/11
!
interface FastEthernet0/12
!
interface FastEthernet0/13
!
interface FastEthernet0/14
!
interface FastEthernet0/15
!
interface FastEthernet0/16
```

```
!
interface FastEthernet0/17
!
interface FastEthernet0/18
!
interface FastEthernet0/19
!
interface FastEthernet0/20
!
interface FastEthernet0/21
!
interface FastEthernet0/22
!
interface FastEthernet0/23
!
interface FastEthernet0/24
!
interface GigabitEthernet0/1
!
interface GigabitEthernet0/2
!
interface Vlan1
no ip address
shutdown
!
router ospf 1
log-adjacency-changes
network 10.1.1.0 0.0.0.3 area 0
network 10.1.4.0 0.0.0.3 area 0
network 10.1.8.0 0.0.0.3 area 0
network 10.1.12.0 0.0.0.3 area 0
!
ip classless
```

ip route 0.0.0.0 0.0.0.0 10.1.1.13

!

!

!

!

line con 0

line vty 0 4

login

!

!

!

end

3. 三层交换机配置

注：只配置一台，其他的类推

Switch>en

Switch#conf ter

Enter configuration commands, one per line. End with CNTL/Z.

Switch(config)#hostname L3_A

L3_A(config)#vlan 11

L3_A(config-vlan)#exit

L3_A(config)#vlan 12

L3_A(config-vlan)#exit

L3_A(config)#vlan 13

L3_A(config-vlan)#exit

L3_A(config)#vlan 14

L3_A(config-vlan)#exit

L3_A(config)#vlan 15

L3_A(config-vlan)#exit

L3_A(config)#vlan 16

L3_A(config-vlan)#exit

L3_A(config)#interface range f0/2-16

L3_A(config-if-range)#sw mode trunk

L3_A(config-if-range)#exit

L3_A(config)#inter f0/1

L3_A(config-if)#no sw

L3_A(config-if)#ip add 10.1.1.2 255.255.255.252

L3_A(config-if)#exit

L3_A(config)#inter vlan 11

%LINK-5-CHANGED: Interface Vlan11, changed state to up

L3_A(config-if)#ip add 172.16.1.1 255.255.255.0

L3_A(config-if)#exit

L3_A(config)#inter vlan 12

%LINK-5-CHANGED: Interface Vlan12, changed state to up

L3_A(config-if)#ip add 172.16.2.1 255.255.255.0

L3_A(config-if)#exit

L3_A(config)#inter vlan 13

%LINK-5-CHANGED: Interface Vlan13, changed state to up

L3_A(config-if)#ip add 172.16.3.1 255.255.255.0

L3_A(config-if)#exit

L3_A(config)#inter vlan 14

%LINK-5-CHANGED: Interface Vlan14, changed state to up

L3_A(config-if)#ip add 172.16.4.1 255.255.255.0

L3_A(config-if)#inter vlan 15

%LINK-5-CHANGED: Interface Vlan15, changed state to up

L3_A(config-if)#ip add 172.16.5.1 255.255.255.0

L3_A(config-if)#inter vlan 16

%LINK-5-CHANGED: Interface Vlan16, changed state to up

L3_A(config-if)#ip add 172.16.6.1 255.255.255.0

L3_A(config-if)#router ospf 1

L3_A(config-router)#network 10.1.1.0 0.0.0.3 area 0

L3_A(config-router)#network 172.16.1.0 0.0.0.255 area 1

L3_A(config-router)#network 172.16.2.0 0.0.0.255 area 1

L3_A(config-router)#network 172.16.3.0 0.0.0.255 area 1

L3_A(config-router)#network 172.16.4.0 0.0.0.255 area 1

L3_A(config-router)#network 172.16.5.0 0.0.0.255 area 1

L3_A(config-router)#network 172.16.6.0 0.0.0.255 area 1

L3_A(config-router)#exit

L3_A(config)#exit

L3_A#show run

L3_A#show running-config

Building configuration...

Current configuration : 1748 bytes

!

version 12.2

no service timestamps log datetime msec

no service timestamps debug datetime msec

no service password-encryption

!

hostname L3_A

!

!

!

!

interface FastEthernet0/1

no switchport

interface FastEthernet0/12

!

interface FastEthernet0/13

!

interface FastEthernet0/14

!

interface FastEthernet0/15

!

interface FastEthernet0/16

!

interface FastEthernet0/17

!

interface FastEthernet0/18

!

interface FastEthernet0/19

!

interface FastEthernet0/20

!

interface FastEthernet0/21

!

interface FastEthernet0/22

!

interface FastEthernet0/23

!

interface FastEthernet0/24

!

interface GigabitEthernet0/1

!

interface GigabitEthernet0/2

!

interface Vlan1

no ip address

shutdown

!

interface Vlan11

ip address 172.16.1.1 255.255.255.0

!

interface Vlan12

ip address 172.16.2.1 255.255.255.0

!

interface Vlan13

ip address 172.16.3.1 255.255.255.0

!

interface Vlan14

ip address 172.16.4.1 255.255.255.0

!

```
interface Vlan15
ip address 172.16.5.1 255.255.255.0
!
interface Vlan16
ip address 172.16.6.1 255.255.255.0
!
router ospf 1
log-adjacency-changes
network 10.1.1.0 0.0.0.3 area 0
network 172.16.1.0 0.0.0.255 area 1
network 172.16.2.0 0.0.0.255 area 1
network 172.16.3.0 0.0.0.255 area 1
network 172.16.4.0 0.0.0.255 area 1
network 172.16.5.0 0.0.0.255 area 1
network 172.16.6.0 0.0.0.255 area 1
!
ip classless
!
!
!
!
!
!
!
line con 0
line vty 0 4
 login
!
!
!
end
```

4. 二层交换机配置

注：只配置一台，其他的类推

Switch>en

Switch#conf ter

Enter configuration commands, one per line. End with CNTL/Z.

Switch(config)#vlan 11

Switch(config-vlan)#exit

Switch(config)#vlan 12

Switch(config-vlan)#exit

Switch(config)#inter ran f0/1-12

Switch(config-if-range)#sw acc vlan 11

Switch(config-if-range)#exit

Switch(config)#int ran f0/13-24

Switch(config-if-range)#sw acc vlan 12

Switch(config-if-range)#exit

Switch(config)#int gi1/1

Switch(config-if)#sw mode trunk

Switch(config-if)#exit

Switch(config)#exit

Switch#show running-config

Building configuration...

Current configuration : 1680 bytes

!

version 12.2

no service timestamps log datetime msec

no service timestamps debug datetime msec

no service password-encryption

!

hostname Switch

!

!

!

interface FastEthernet0/1

switchport access vlan 11

```
!
interface FastEthernet0/2
 switchport access vlan 11
!
interface FastEthernet0/3
 switchport access vlan 11
!
interface FastEthernet0/4
 switchport access vlan 11
!
interface FastEthernet0/5
 switchport access vlan 11
!
interface FastEthernet0/6
 switchport access vlan 11
!
interface FastEthernet0/7
 switchport access vlan 11
!
interface FastEthernet0/8
 switchport access vlan 11
!
interface FastEthernet0/9
switchport access vlan 11
!
interface FastEthernet0/10
switchport access vlan 11
!
interface FastEthernet0/11
switchport access vlan 11
!
interface FastEthernet0/12
switchport access vlan 11
```

```
!
interface FastEthernet0/13
switchport access vlan 12
!
interface FastEthernet0/14
switchport access vlan 12
!
interface FastEthernet0/15
switchport access vlan 12
!
interface FastEthernet0/16
switchport access vlan 12
!
interface FastEthernet0/17
switchport access vlan 12
!
interface FastEthernet0/18
switchport access vlan 12
!
interface FastEthernet0/19
switchport access vlan 12
!
interface FastEthernet0/20
switchport access vlan 12
!
interface FastEthernet0/21
switchport access vlan 12
!
interface FastEthernet0/22
switchport access vlan 12
!
interface FastEthernet0/23
switchport access vlan 12
```

```
!
interface FastEthernet0/24
switchport access vlan 12
!
interface GigabitEthernet1/1
switchport mode trunk
!
interface GigabitEthernet1/2
!
interface Vlan1
no ip address
shutdown
!
!
line con 0
!
line vty 0 4
login
line vty 5 15
login
!
!
End
```

注：以上配置仅供参考，有关服务器的配置，请查阅相关资料完成。

想一想 练一练

针对以上交换机、路由器配置命令，你明白每条语句的含义吗？如果有不明白的，请写在下面，记住一定要搞清楚每条语句的含义哦。

_____

_____

_____

_____

3.5　系统集成验收

　　网络互连设备及服务器经过配置后，项目已经能够初步运行。经过项目施工和测试人员的自检，项目能够正常运行。为了将项目最终交给客户，需要和客户一起进行最终的验收，并将一系列的资料交给用户存档，具体情况如下。

1. 验收人员组成

　　由客户方指定人员，工程实施方参加项目所有人员配合验收。验收人员要求要熟悉整个项目的物理设备组成、技术组成和验收标准，具有验收完成之后的签字权。

2. 验收场所和验收时间

　　设备到现场后3天之内进行相应的设备验收，系统逻辑实现之后在公司提交工程测试资料并提出验收要求后3天之内由客户方组织验收，否则视为验收通过。具体的时间和验收场所由双方共同确认的验收计划指定。

3. 验收内容组成

（1）设备验收

对整个项目涉及的设备进行物理验收，包括设备型号、设备数量、包装要求等。

（2）系统验收

对项目实施的目标进行相应的逻辑验收，包括功能、性能、文档等。

4. 基本验收标准

　　物理验收（设备验收）的标准以最终合同指定的设备厂家品牌、型号、数量为标准，设备的物理构成及包装以设备厂家提供的标准为验收标准。验收格式如表3-7所示：

表3-7　设备验收表

设备验收清单						
设备编号	设备名称	设备型号	数量	配置明细	验收人	验收时间
设备验收签字				签字时间		

逻辑验收（系统验收）按照最终合同要求进行的各项功能、性能设计相应的可实施的测试方法进行设计验收、测试验收和文档验收。验收格式如下表3-8所示：

表3-8　逻辑验收表

逻辑验收测试表					
序号	描述	测试方法	结果	验收人	时间
1	综合布线	所有网络主节点的连通性从主节点到分节点线缆信号的衰减值			
2	交换机、路由器	设备之间的连通性 远程访问 路由/连接INTERNET			
3	网络安全	防火墙网关的实现 网络安全的实现			
4	服务器	网管工作站配置 服务器发布以及应用 网络监视，管理			
验收签字					

5. 文档验收标准

文档验收主要是准确、清晰地反映设计和实现，并与实际的最终环境状况相吻合。根据我们在其他网络和应用工程中的实施经验，文档资料验收主要包括以下基本内容。

（1）系统集成设计目标要求

（2）记录双方共同确认后整个园区网项目建设的功能、性能列表，在合同签定之前由双方共同商定的内容，可以作为验收的依据，如下表3-9所示。

表3-9　项目建设明细表

项目建设要求列表		
项目名称		
类别	序号	描述及测试指标标准
功能要求	1	
	2	
	3	
	4	
性能要求	1	
	2	
	3	
	4	

（3）用户变更记录

在项目执行过程中用户临时提出的功能、性能方面的变化及环境、结构等方面的变动，如表3-10所示。

表3-10　用户变更记录表

用户变更记录表					
变更序号	变更要求描述	时间	用户签字	集成方签字	备注

（4）验收清单

记录测试路径和测试结果，由施工方填写，客户进行验证性测试认可，如表3-11所示：

表3-11 工程验收清单

工程验收总清单			
项目序号	验收子项列表	子项签名	备注
1	用户目标清单		
2	用户变更记录		
3	系统最终设计方案		
4	测试列表		
5	设备总清单		
6	工程总验收时间		

（5）文档清单

对项目所有的文档就行规整，方便对文档的管理，如表3-12所示：

表3-12 工程文档资料表

序号	文档名称	文档内容	验收结果	验收人	验收时间

想一想 练一练

针对该项目，你需要归档整理的文档有哪些？

_____

_____

_____

3.6 项目评价

至此，项目结束了，该项目你完成的如何？对每一个环节都满意吗？请认真完成项目考核表3-13 所示。

表3-13　项目考核表

项目名称	办公室网络系统集成						
班级：	姓名：	学号：	指导教师：		日期：		
评价项目	评价标准	评价依据	评价方式		权重	得分	总分
			小组评价（30%）	教师评价（70%）			
职业素质	能够与团队成员合作，合理沟通，接受任务，协作他人完成工作任务	1.教学日志 2.课堂记录 3.工作现场 4.6S管理标准			5%		
	能够按照操作规范，文明施工，安全完成工作任务（布线符合标准，3分；工具使用正确，2分；互连设备安装规范3分；安全事故，2分）				10%		
	能够查阅各类教学资源，能够制定完成任务或项目的方案				5%		
	能够与团队成员共同完成评价，有集体意识和社会责任心				5%		
	能通过计算机制订方案、制作PPT				5%		
职业技能	能制定合理的系统集成规划方案	1.提交的任务分析表 2.提交的解决方案表 3.系统集成施工图 4.提交验收方案			6%		
	能正确绘制系统施工图，制定施工方案				6%		
	交换机的配置方式，常用命令及交换表建立过程				6%		
	三层交换配置				6%		
	能掌握ＮＡＴ、访问控制列表（ACL）配置				6%		
	掌握路由表的生成原理，静态路由配置				6%		
	掌握静态路由、OSPF协议的工作原理及配置方法（静态路由，3分；OSPF，4分）				7%		
	掌握服务器ＦＴＰ、ＤＨＣＰ、WEB、E-MAIL服务器的配置				6%		
	能掌握系统集成工程的验收方法及注意事项				6%		

续表

项目名称	办公室网络系统集成						
班级：	姓名：		学号：		指导教师：		日期：
评价项目	评价标准	评价依据	评价方式		权重	得分	总分
			小组评价（30%）	教师评价（70%）			
职业技能	能掌握综合布线故障现象及排除方法	1.提交的任务分析表 2.提交的解决方案表 3.系统集成施工图 4.提交验收方案			5%		
	能掌握服务器故障现象及排除方法				5%		
	能掌握交换机、路由器故障现象及排除方法				5%		

想一想 练一练

针对该项目评价表，你认为还有哪些地方需要补充，请写下来？

_____

_____

_____

3.7 项目小结

_____

_____

_____

任务刚刚结束，赶紧做个小结吧！

_____

_____

_____

这是我做的最骄傲的事！

小提示

主要对工作过程中学到的知识、技能等进行总结！

这是我该反思的内容！

这是我要持续改进的内容！

3.8　训练与提高

　　某大型集团公司现有600台计算机，由于公司业务的发展，计划在附近新成立两个分公司，计划每个分公司有多个办公室，总共约有200台微机，现要求每个分公司与总公司实现实现网络互通，并接入互联网，从而实现网络办公，邮件收发等业务，为了网络的安全，每个分公司之间不能互相访问，但分公司内部可以互相访问。参考项目三，对该项目就行分析、规划、并画出网络拓扑图。

3.9　知识拓展

1. OSPF路由协议

OSPF 是Open Shortest Path First（开放最短路径优先协议）的缩写。OSPF路由协议是一种典型的链路状态（Link-state）的路由协议，一般用于同一个路由域内。在这里，路由域是指一个自治系统（Autonomous System），即AS，它是指一组通过统一的路由政策或路由协议互相交换路由信息的网络。在这个AS中，所有的OSPF路由器都维护一个相同的描述这个AS结构的数据库，该数据库中存放的是路由域中相应链路的状态信息，OSPF路由器正是通过这个数据库计算出其OSPF路由表的。

1）OSPF基本算法

（1）SPF算法及最短路径树

SPF算法是OSPF路由协议的基础。SPF算法有时也被称为Dijkstra算法，这是因为最短路径优先算法SPF是Dijkstra发明的。SPF算法将每一个路由器作为根（ROOT）来计算其到每一个目的地路由器的距离，每一个路由器根据一个统一的数据库会计算出路由域的拓扑结构图，该结构图类似于一棵树，在SPF算法中，被称为最短路径树。在OSPF路由协议中，最短路径树的树干长度，即OSPF路由器至每一个目的地路由器的距离，称为OSPF的Cost，其算法为：Cost = 100×106/链路带宽

在这里，链路带宽以bps来表示。也就是说，OSPF的Cost与链路的带宽成反比，带宽越高，Cost越小，表示OSPF到目的地的距离越近。举例来说，FDDI或快速以太网的Cost为1，2M串行链路的Cost为48，10M以太网的Cost为10等。

（2）链路状态算法

作为一种典型的链路状态的路由协议，OSPF还得遵循链路状态路由协议的统一算法。链路状态的算法非常简单，在这里将链路状态算法概括为以下四个步骤。

①当路由器初始化或当网络结构发生变化（例如增减路由器，链路状态发生变化等）时，路由器会产生链路状态广播数据包LSA（Link-State Advertisement），该数据包里包含路由器上所有相连链路，也即为所有端口的状态信息。

②所有路由器会通过一种被称为刷新（Flooding）的方法来交换链路状态数据。Flooding是指路由器将其LSA数据包传送给所有与其相邻的OSPF路由器，相邻路由器根据其接收到的链路状态信息更新自己的数据库，并将该链路状态信息转送给与其相邻的路

由器，直至稳定的一个过程。

③当网络重新稳定下来，也可以说OSPF路由协议收敛下来时，所有的路由器会根据其各自的链路状态信息数据库计算出各自的路由表。该路由表中包含路由器到每一个可到达目的地的Cost以及到达该目的地所要转发的下一个路由器（next-hop）。

④上一个步骤实际上是指OSPF路由协议的一个特性。当网络状态比较稳定时，网络中传递的链路状态信息是比较少的，或者可以说，当网络稳定时，网络中是比较安静的。这也正是链路状态路由协议区别与距离矢量路由协议的一大特点。

2）OSPF路由协议的基本特征

OSPF路由协议是一种链路状态的路由协议，为了更好地说明OSPF路由协议的基本特征，我们将OSPF路由协议与距离矢量路由协议之一的RIP（Routing Information Protocol）作比较，归纳为如下几点：

①RIP路由协议中用于表示目的网络远近的唯一参数为跳（HOP），也即到达目的网络所要经过的路由器个数。在RIP路由协议中，该参数被限制为最大15，也就是说RIP路由信息最多能传递至第16个路由器；对于OSPF路由协议，路由表中表示目的网络的参数为Cost，该参数为一虚拟值，与网络中链路的带宽等相关，也就是说OSPF路由信息不受物理跳数的限制。并且，OSPF路由协议还支持TOS（Type of Service）路由，因此，OSPF比较适合应用于大型网络中。

②RIP路由协议不支持变长子网屏蔽码（VLSM），这被认为是RIP路由协议不适用于大型网络的又一重要原因。采用变长子网屏蔽码可以在最大限度上节约IP地址。OSPF路由协议对VLSM有良好的支持性。

③RIP路由协议路由收敛较慢。RIP路由协议周期性地将整个路由表作为路由信息广播至网络中，该广播周期为30秒。在一个较为大型的网络中，RIP协议会产生很大的广播信息，占用较多的网络带宽资源；并且由于RIP协议30秒的广播周期，影响了RIP路由协议的收敛，甚至出现不收敛的现象。而OSPF是一种链路状态的路由协议，当网络比较稳定时，网络中的路由信息是比较少的，并且其广播也不是周期性的，因此OSPF路由协议即使是在大型网络中也能够较快地收敛。

④在RIP协议中，网络是一个平面的概念，并无区域及边界等的定义。随着无级路由CIDR概念的出现，RIP协议就明显落伍了。在OSPF路由协议中，一个网络，或者说是一个路由域可以划分为很多个区域area，每一个区域通过OSPF边界路由器相连，区域间可以通过路由总结（Summary）来减少路由信息，减小路由表，提高路由器的运算速度。

⑤OSPF路由协议支持路由验证，只有互相通过路由验证的路由器之间才能交换路由信息。并且OSPF可以对不同的区域定义不同的验证方式，提高网络的安全性。

⑥OSPF路由协议对负载分担的支持性能较好。OSPF路由协议支持多条Cost相同的链

路上的负载分担，目前一些厂家的路由器支持6条链路的负载分担。

3）OSPF路由器分类

当一个AS划分成几个OSPF区域时，根据一个路由器在相应的区域之内的作用，可以将OSPF路由器作如下分类：

（1）内部路由器

当一个OSPF路由器上所有直联的链路都处于同一个区域时，我们称这种路由器为内部路由器。内部路由器上仅仅运行其所属区域的OSPF运算法则。

（2）区域边界路由器

当一个路由器与多个区域相连时，我们称之为区域边界路由器。区域边界路由器运行与其相连的所有区域定义的OSPF运算法则，具有相连的每一个区域的网络结构数据，并且了解如何将该区域的链路状态信息广播至骨干区域，再由骨干区域转发至其余区域。

（3）AS边界路由器

AS边界路由器是与AS外部的路由器互相交换路由信息的OSPF路由器，该路由器在AS内部广播其所得到的AS外部路由信息；这样AS内部的所有路由器都知道至AS边界路由器的路由信息。AS边界路由器的定义是与前面几种路由器的定义相独立的，一个AS边界路由器可以是一个区域内部路由器或是一个区域边界路由器。

（4）指定路由器—DR

在一个广播性的、多接入的网络（例如Ethernet、TokenRing及FDDI环境）中，存在一个指定路由器（Designated Router），指定路由器主要在OSPF协议中完成如下工作。指定路由器产生用于描述所处的网段的链路数据包—network link，该数据包里包含在该网段上所有的路由器，包括指定路由器本身的状态信息。

指定路由器与所有与其处于同一网段上的OSPF路由器建立相邻关系。由于OSPF路由器之间通过建立相邻关系及以后的flooding来进行链路状态数据库是同步的，因此，我们可以说指定路由器处于一个网段的中心地位。

需要说明的是，指定路由器DR的定义与前面所定义的几种路由器是不同的。DR的选择是通过OSPF的Hello数据包来完成的，在OSPF路由协议初始化的过程中，会通过Hello数据包在一个广播性网段上选出一个ID最大的路由器作为指定路由器DR，并且选出ID次大的路由器作为备份指定路由器BDR，BDR在DR发生故障后能自动替代DR的所有工作。当一个网段上的DR和BDR选择产生后，该网段上的其余所有路由器都只与DR及BDR建立相邻关系。在这里，一个路由器的ID是指向该路由器的标识，一般是有router-id命令指定或者是指该路由器的环回端口或是该路由器上的最大的IP地址。DR和BDR在一个广播性网络中的作用可用下图来说明。

4）OSPF协议工作过程

OSPF路由协议针对每一个区域分别运行一套独立的计算法则，对于ABR来说，由于一个区域边界路由器同时与几个区域相联，因此一个区域边界路由器上会同时运行几套OSPF计算方法，每一个方法针对一个OSPF区域。下面对OSPF协议运算的全过程作一概括性的描述。

（1）区域内部路由

当一个OSPF路由器初始化时，首先初始化路由器自身的协议数据库，然后等待低层次协议（数据链路层）提示端口是否处于工作状态。

如果低层协议得知一个端口处于工作状态时，OSPF会通过其Hello协议数据包与其余的OSPF路由器建立交互关系。一个OSPF路由器向其相邻路由器发送Hello数据包，如果接收到某一路由器返回的Hello数据包，则在这两个OSPF路由器之间建立起OSPF交互关系，这个过程在OSPF中被称为adjacency。在广播性网络或是在点对点的网络环境中，OSPF协议通过Hello数据包自动地发现其相邻路由器，在这时，OSPF路由器将Hello数据包发送至一特殊的多点广播地址，该多点广播地址为ALLSPFRouters。在一些非广播性的网络环境中，我们需要经过某些设置来发现OSPF相邻路由器。在多接入的环境中，例如以太网的环境，Hello协议数据包还可以用于选择该网络中的指定路由器DR。

一个OSPF路由器会与其新发现的相邻路由器建立OSPF的adjacency，并且在一对OSPF路由器之间作链路状态数据库的同步。在多接入的网络环增中，非DR的OSPF路由器只会与指定路由器DR建立adjacency，并且作数据库的同步。OSPF协议数据包的接收及发送正是在一对OSPF的adjacency间进行的。

OSPF路由器周期性地产生与其相联的所有链路的状态信息，有时这些信息也被称为链路状态广播LSA（Link State Advertisement）。当路由器相联接的链路状态发生改变时，路由器也会产生链路状态广播信息，所有这些广播数据是通过Flood的方式在某一个OSPF区域内进行的。Flooding算法是一个非常可靠的计算过程，它保证在同一个OSPF区域内的所有路由器都具有一个相同的OSPF数据库。根据这个数据库，OSPF路由器会将自身作为根，计算出一个最短路径树，然后，该路由器会根据最短路径树产生自己的OSPF路由表。

OSPF路由协议通过建立交互关系来交换路由信息，但是并不是所有相邻的路由器会建立OSPF交互关系。下面将OSPF建立adjacency的过程简要介绍一下。

OSPF协议是通过Hello协议数据包来建立及维护相邻关系的，同时也用其来保证相邻路由器之间的双向通信。OSPF路由器会周期性地发送Hello数据包，当这个路由器看到自身被列于其他路由器的Hello数据包里时，这两个路由器之间会建立起双向通信。在多接入的环境中，Hello数据包还用于发现指定路由器DR，通过DR来控制与哪些路由器建立

交互关系。

两个OSPF路由器建立双向通信之后的第二个步骤是进行数据库的同步，数据库同步是所有链路状态路由协议的最大的共性。在OSPF路由协议中，数据库同步关系仅仅在建立交互关系的路由器之间保持。

OSPF的数据库同步是通过OSPF数据库描述数据包（Database Description Packets）来进行的。OSPF路由器周期性地产生数据库描述数据包，该数据包是有序的，即附带有序列号，并将这些数据包对相邻路由器广播。相邻路由器可以根据数据库描述数据包的序列号与自身数据库的数据作比较，若发现接收到的数据比数据库内的数据序列号大，则相邻路由器会针对序列号较大的数据发出请求，并用请求得到的数据来更新其链路状态数据库。

可以将OSPF相邻路由器从发送Hello数据包，建立数据库同步至建立完全的OSPF交互关系的过程分成几个不同的状态，分别为：

① Down。这是OSPF建立交互关系的初始化状态，表示在一定时间之内没有接收到从某一相邻路由器发送来的信息。在非广播性的网络环境内，OSPF路由器还可能对处于Down状态的路由器发送Hello数据包。

② Attempt。该状态仅在NBMA环境，例如帧中继、X.25或ATM环境中有效，表示在一定时间内没有接收到某一相邻路由器的信息，但是OSPF路由器仍必须通过以一个较低的频率向该相邻路由器发送Hello数据包来保持联系。

③ Init。在该状态时，OSPF路由器已经接收到相邻路由器发送来的Hello数据包，但自身的IP地址并没有出现在该Hello数据包内。即双方的双向通信还没有建立起来。

④ 2-Way。这个状态可以说是建立交互方式真正的开始步骤。在这个状态，路由器看到自身已经处于相邻路由器的Hello数据包内，双向通信已经建立。指定路由器及备份指定路由器的选择正是在这个状态完成的。在这个状态，OSPF路由器还可以根据其中的一个路由器是否指定路由器或是根据链路是否点对点或虚拟链路来决定是否建立交互关系。

⑤ Exstart。这个状态是建立交互状态的第一个步骤。在这个状态，路由器要决定用于数据交换的初始的数据库描述数据包的序列号，以保证路由器得到的永远是最新的链路状态信息。同时，在这个状态路由器还必须决定路由器之间的主备关系，处于主控地位的路由器会向处于备份地位的路由器请求链路状态信息。

⑥ Exchange。在这个状态，路由器向相邻的OSPF路由器发送数据库描述数据包来交换链路状态信息，每一个数据包都有一个数据包序列号。在这个状态，路由器还有可能向相邻路由器发送链路状态请求数据包来请求其相应数据。从这个状态开始，我们说OSPF处于Flood状态。

⑦ Loading。在loading状态，OSPF路由器会就其发现的相邻路由器的新的链路状态

数据及自身的已经过期的数据向相邻路由器提出请求，并等待相邻路由器的回答。

⑧ Full。这是两个OSPF路由器建立交互关系的最后一个状态，在这时，建立起交互关系的路由器之间已经完成了数据库同步的工作，它们的链路状态数据库已经一致。

⑨ 域间路由。在单个OSPF区域中，OSPF路由协议不会产生更多的路由信息。为了与其余区域中的OSPF路由器通讯，该区域的边界路由器会产生一些其他的信息对域内广播，这些附加信息描绘了在同一个AS中的其他区域的路由信息。具体路由信息交换过程如下：

在OSPF的定义中，所有的区域都必须与区域0相联，因此每一个区域都必须有一个区域边界路由器与区域0相联，这一个区域边界路由器会将其相联接的区域内部结构数据通过Summary Link广播至区域0，也就是广播至所有其他区域的边界路由器。在这时，与区域0相联的边界路由器上有区域0及其他所有区域的链路状态信息，通过这些信息，这些边界路由器能够计算出至相应目的地的路由，并将这些路由信息广播至与其相联接的区域，以便让该区域内部的路由器找到与区域外部通信的最佳路由。

（2）AS外部路由

一个自治域AS的边界路由器会将AS外部路由信息广播至整个AS中除了残域的所有区域。为了使这些AS外部路由信息生效，AS内部的所有的路由器（除残域内的路由器）都必须知道AS边界路由器的位置，该路由信息是由非残域的区域边界路由器对域内广播的，其链路广播数据包的类型为类型4。

2. RIP路由协议知识

RIP（Routing information Protocol，路由信息协议）是应用较早、使用较普遍的内部网关协议（Interior Gateway Protocol，IGP），适用于小型同类网络的一个自治系统（AS）内的路由信息的传递。RIP协议是基于距离矢量（Distance Vector Algorithms，DVA）算法的。它使用"跳数"，即metric来衡量到达目标地址的路由距离。文档见RFC1058、RFC1723。它是一个用于路由器和主机间交换路由信息的距离向量协议，目前最新的版本为v4，也就是RIPv4。

至于上面所说到的"内部网关协议"，我们可以这样理解。由于历史的原因，当前的 INTERNET 网被组成一系列的自治系统，各自治系统通过一个核心路由器连到主干网上。而一个自治系统往往对应一个组织实体（比如一个公司或大学）内部的网络与路由器集合。每个自治系统都有自己的路由技术，对不同的自治系统路由技术是不相同的。用于自治系统间接口上的路由协议称为"外部网关协议"，简称EGP（Exterior Gateway Protocol）；而用于自治系统内部的路由协议称为"内部网关协议"，简称 IGP。内部网关与外部网关协议不同，外部路由协议只有一个，而内部路由器协议则是一族。各内部路由器协议的区别在于距离制式（distance metric，即距离度量标准）不同，和路由刷新算法不同。RIP协议是最广泛使用的IGP类协议之一，著名的路径刷新程序Routed便是根据RIP实现的。RIP协议被设计用于使用同种技术的中型网络，因此适应于大多数的校园网和使用速率变化不是很大的连续线的地区性网络。对于更复杂的环境，一般不使用RIP协议。

1）RIP工作原理

RIP协议是基于Bellham-Ford（距离向量）算法，此算法1969年被用于计算机路由选择，正式协议首先是由Xerox于1970年开发的，当时是作为Xerox的"Networking Services（NXS）"协议族的一部分。由于RIP实现简单，迅速成为使用范围最广泛的路由协议。路由器的关键作用是用于网络的互连，每个路由器与两个以上的实际网络相连，负责在这些网络之间转发数据报。在讨论 IP 进行选路和对报文进行转发时，我们总是假设路由器包含了正确的路由，而且路由器可以利用 ICMP 重定向机制来要求与之相连的主机更改路由。但在实际情况下，IP 进行选路之前必须先通过某种方法获取正确的路由表。在小型的、变化缓慢的互连网络中，管理者可以用手工方式来建立和更改路由表。而在大型的、迅速变化的环境下，人工更新的办法慢得不能接受。这就需要自动更新路由表的方法，即所谓的动态路由协议，RIP协议是其中最简单的一种。

在路由实现时，RIP作为一个系统长驻进程（daemon）而存在于路由器中，负责从网络系统的其他路由器接收路由信息，从而对本地IP层路由表作动态的维护，保证IP层发送报文时选择正确的路由。同时负责广播本路由器的路由信息，通知相邻路由器作相应的修改。RIP协议处于UDP协议的上层，RIP所接收的路由信息都封装在UDP协议的数据报中，RIP在520号UDP端口上接收来自远程路由器的路由修改信息，并对本地的路由表做相应的修改，同时通知其他路由器。通过这种方式，达到全局路由的有效。

RIP路由协议用"更新（UNPDATES）"和"请求（REQUESTS）"这两种分组来传输信息的。每个具有RIP协议功能的路由器每隔30秒用UDP520端口给与之直接相连的机器广播更新信息。更新信息反映了该路由器所有的路由选择信息数据库。路由选择信息数据库的每个条目由"局域网上能达到的IP地址"和"与该网络的距离"两部分组成。请求信息用于寻找网络上能发出RIP报文的其他设备。

RIP用"路程段数"（即"跳数"）作为网络距离的尺度。每个路由器在给相邻路由器发出路由信息时，都会给每个路径加上内部距离。如图3-16所示，路由器3直接和网络C相连。当它向路由器2通告网络142.10.0.0的路径时，它把跳数增加1。与之相似，路由器2把跳数增加到"2"，且通告路径给路由器1，则路由器2和路由器1与路由器3所在网络142.10.0.0的距离分别是1跳、2跳。

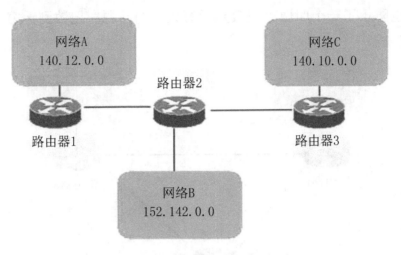

图3-16 路由器距离变化示意图

然而在实际的网络路由选择上并不总是由跳数决定的，还要结合实际的路径连接性能综合考虑。如图3-17所示，网络中从路由器1到网络3，RIP协议将更倾向于跳数为2的路由器1->路由器2->路由器3的1.5Mbps链路，而不是选择跳数为1的56kbps，直接的路由器1->路由器3路径，因为跳数为1的56Kbps串行链路比跳数为2的1.5Mbps串行链路慢得多。

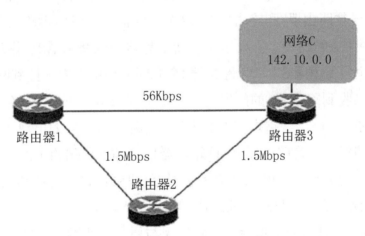

图3-17 链路速度对跳数的影响

2）RIP路由器的收敛机制

任何距离向量路由选择协议（如RIP）都有一个问题，路由器不知道网络的全局情况，路由器必须依靠相邻路由器来获取网络的可达信息。由于路由选择更新信息在网络上传播慢，距离向量路由选择算法有一个慢收敛问题，这个问题将导致不一致性产生。RIP协议使用以下机制减少因网络上的不一致带来的路由选择环路的可能性。

（1）记数到无穷大机制

RIP协议允许最大跳数为15。大于15的目的地被认为是不可达。这个数字在限制了网络大小的同时也防止了一个叫做"记数到无穷大"的问题。记数到无穷大机制的工作原理如下图3-18所示：

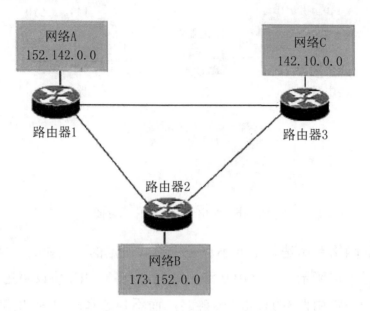

图3-18 计数无穷大工作原理图

现假设路由器1断开了与网络A相连，则路由器1丢失了与网络A相连的以太网接口后产生一个触发更新送往路由器2和路由器3。这个更新信息同时告诉路由器2和路由器3，路由器1不再有到达网络A的路径。假设这个更新信息传输到路由器2被推迟了（CPU忙、链路拥塞等），但到达了路由器3，所以路由器3会立即从路由表中去掉到网络A的路径。

路由器2由于未收到路由器1的触发更新信息，并发出它的常规路由选择更新信息，通告网络A以2跳的距离可达。路由器3收到这个更新信息，认为出现了一条通过路由器2的到达网络A的新路径。于是路由器3告诉路由器1，它能以3跳的距离到达网络A。

在收到路由器3的更新后，就把这个信息加上一跳后向路由器2和路由器3同时发出更新信息，告诉他们路由器1可以以3跳的距离到达网络A。

路由器2在收到路由器1的消息后，比较发现与原来到达网络A的路径不符，更新成可以以4，跳的距离到达网络A。这个消息再次会发往路由器3，以此循环，直到跳数达到超过RIP协议允许的最大值（在RIP中定义为16）。一旦一个路由器达到这个值，它将声明这条路径不可用，并从路由表中删除此路径。

由于记数到无穷大问题，路由选择信息将从一个路由器传到另一个路由器，每次段数加1。路由选择环路问题将无限制地进行下去，除非达到某个限制。这个限制就是RIP的最大跳数。当路径的跳数超过15，这条路径才从路由表中删除。

（2）水平分割法

水平分割规则如下：路由器不向路径到来的方向回传此路径。当打开路由器接口后

路由器记录路径是从哪个接口来的，并且不向此接口回传此路径。

可以对每个接口关闭水平分割功能。这个特点在"non broadcast mutilple access"（NBMA，非广播多路访问）环境下十分有用。在如下图3-19所示网络中，路由器2通过帧中继连接路由器1和路由器3，两个PVC都在路由器2的同一个物理接口（S_0）中止。如果在路由器2的水平分割功能未被关闭，那么路由器3将收不到路由器1的路由选择信息（反之亦然）。用"no ip split-horizon"接口子命令可关闭水平分割功能。

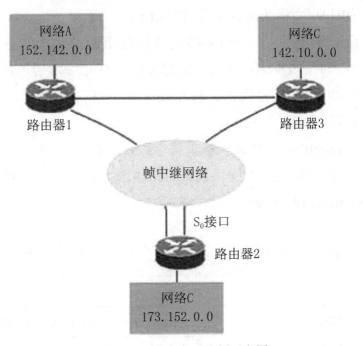

图3-19　路由水平分割示意图

水平分割是路由器用来防止把一个接口得来的路径又从此接口传回导致的问题的方案。水平分割方案忽略在更新过程中从一个路由器获取的路径又传回该路由器。有破坏逆转的水平分割方法是在更新信息中包括这些回传路径，但这种处理方法会把这些回传路径的跳数设为16（无穷）。通过把跳数设为无穷，并把这条路径告诉源路由器，有可能立刻解决路由选择环路。否则，不正确的路径将在路由表中驻留到超时为止。破坏逆转的缺点是它增加了路由更新的的数据大小。

（3）保持定时器法

保持定时器法可防止路由器在路径从路由表中删除后一定的时间内（通常为180秒）接受新的路由信息。它的思想是保证每个路由器都收到了路径不可达信息，而且没有路由器发出无效路径信息。例如在图3-19所示网络中，由于路由更新信息被延迟，路由器2向路由器3发出错误信息。但使用保持计数器法后，这种情况将不会发生，因为路由器3将在180秒内不接受通向网络A的新的路径信息，到那时路由器2将存储正确的路由信息。

（4）触发更新法

有破坏逆转的水平分割将任何两个路由器构成的环路打破，但三个或更多个路由器构成的环路仍会发生，直到无穷（16）时为止。触发式更新法可加速收敛时间，它的工作原理是当某个路径的跳数改变了，路由器立即发出更新信息，不管路由器是否到达常规信息更新时间都发出更新信息。

3）RIP报文格式

如表3-14所示为RIP报文格式。各字段解释如下：

Command：命令字段，8位，用来指定数据报用途。命令有五种：Request（请求）、Response（响应）、Traceon（启用跟踪标记，自v2版本后已经淘汰）、Traceoff（关闭跟踪标记，自v2版本后已经淘汰）和Reserved（保留）。

Version：RIP版本号字段，16位。

Address Family Identifier：地址族标识符字段，24位。它指出该入口的协议地址类型。由于RIP2版本可能使用几种不同协议传送路由选择信息，所以要使用到该字段。IP协议地址的Address Family Identifier为2。

表3-14　RIP报文格式

8	16	32bits
comand	version	Unused
Address Family Identifier	Route Tag(only for RIP2: 0 for RIP)	
IP Address		
Subnet Mask (only for RIP2: 0 for RIP)		
Next Hop (only for RIP2: 0 for RIP)		
Metric		

Route Tag：路由标记字段，32位，仅在v2版本以上需要，第一版本不用，为0。用于路由器指定属性，必须通过路由器保存和重新广告。路由标志是分离内部和外部RIP路由线路的一种常用方法（路由选择域内的网络传送线路），该方法在EGP或IGP都有应用。

P Address：目标IP地址字段，IPv4地址为32位。

Subnet Mask：子网掩码字段，IPv4子网掩码地址为32位。它应用于IP地址，生成非主机地址部分。如果为0，说明该入口不包括子网掩码。也仅在v2版本以上需要，在RIPv1中不需要，为0。

Next Hop：下一跳字段。指出下一跳IP地址，由路由入口指定的通向目的地的数据包需要转发到该地址。

Metric：跳数字段。表示从主机到目的地经过的跳数。

附 录

CISCO、H3COM
设备常用命令对照表

常用命令对照表

命令的作用	思科命令	华三命令
显示当前配置	show run	disp current
显示已保存的配置	show start	disp saved
显示版本	show version	disp version
显示路由器板卡信息	show diag	display device
显示全面的信息	show tech	disp base
显示接口信息	show interface	disp interface
显示路由表	show ip route	display ip routing
显示CPU占用率	show pro cpu	display cpu-usage
显示内存利用率	show pro mem	display memory-usage
显示日志	show logging	display logbuffer
显示时间	show clock	display clock
进入特权模式	enable	super
退出特权模式	disable	quit
进入设置模式	config terminal	system-view
进入端口设置模式	interface 端口	interface 端口
设置端口封装模式	encapslution	link-protocl
设置E1端口非成帧模式	unframe	using E1
退出设置模式	end	return
返回上级模式	exit	quit
删除某项配置数据	no	undo
删除整个配置文件	erase	delete
保存配置文件	write	save
设置路由器名字	hostname	sysname
创建新用户	username	local-user
设置特权密码	enable secret	super password
启动RIP路由协议	router rip	rip
启动OSPF路由协议	router ospf	ospf

命令的作用	思科命令	华三命令
启动BGP路由协议	router bgp	bgp
引入路由信息	redistribute	import-route
设置控制访问列表	access-list	acl
配置VTY端口信息	line vty 0 4	user-interface vty 0 4
设置VTY登录密码	password	set authentication password
清除统计信息/复位进程	clear	reset
重启路由器	reload	reboot

参考文献

[1] 王公儒. 网络综合布线系统工程技术实训教程. 北京：机械工业出版社，2012.

[2] 张文科. 路由器/交换机应用案例教程. 北京：机械工业出版社，2009.

[3] 王磊. 网络综合布线实训教程. 北京：中国铁道出版社，2009.

[4] 彭文华. 网络组建与应用. 北京：北京理工大学出版社，2010.

[5] 方园. 网络系统集成实训. 北京：人民邮电出版社，2011.